カツオ・マグロの スーパーパワー

一生泳ぎ続ける魚たち

阿部宏喜 著

はしがき

水の中で酸素を呼吸するのは大変

　海の中の環境(かんきょう)は私たちの住んでいる陸上とはとても大きく異なっている。第一に空気つまり酸素がない。ないわけではないけれど、空気は水の中に溶(と)けこんでいる。溶けこむのは海の表面からのため、深い海には酸素はほとんど届かない。だから海の中に住む動物たちの呼吸は、私たちが空気を吸って酸素を取りこむようなわけにはいかない。動物はすべて酸素を呼吸する必要がある。そのため、クジラやイルカやアザラシなどの海のほ乳類やウミガメなどは、海の中に潜(もぐ)っていてもときどき顔を出して空気を吸わなくてはならない。

　ところが魚はずーっと海の中に潜ったままだ。魚は口から水を取りこんでエラを通して外に出し、水の中に溶けている酸素をエラで取り入れている。水の中には空気中の 1/30 くらいの酸素しか溶けていない。だから魚たちは呼吸をするだけでも大変だ。陸上でも激しい運動をすると息が苦しくなり、ハッ、ハッ、ハッ、ハッ、とあえいでしまう。水の中に住んでいれば呼吸するだけでも大変なのに、そこで運動するのはもっともっと大変なのだ。

水はとても重い

　プールや海で泳ぐとき、なかなか前に進めないと感じたことがないだろうか。浅いプールの中を歩いて行くのさえも大変だ。なかなか進めない。陸上を歩いたり走ったりするのとは大違(おおちが)いだ。これは

空気と比べて水はサラサラしていないことによる。専門用語では粘度が高いという。水の中を進むのは空気中の60倍も大変なことなのだ。

空気中に浮いているのは鳥や昆虫のように羽をもっていないとむずかしいけれど、水の中では楽に浮いていられる。いや、泳げない人にとっては楽ではないかもしれないけれど、小さな浮き輪があれば大丈夫だ。プールよりも海の方が楽に浮いていられるのはよく経験することだろう。これは塩分のせいだ。海水は3.5％くらい塩を含んでいる。つまり、1リットルの海水には35グラムもの塩が含まれる。海で泳いでいて海水を飲んでしまうとしょっぱくってつらいね。

イスラエルとヨルダンの間にある死海は30％近い塩分が含まれるため、あおむけに浮いて本が読めるくらい浮きやすいらしい。テレビなどでよく見る風景だ。でもこんな海には魚は住めない。

塩が多いほど海水の密度が大きい。密度が大きい液体ほどものを浮かせる力（浮力）が大きくなる。つまり、塩が多いほど浮力が大きくなるため、浮きやすくなるのだ。だから海の魚たちにとっては、海で浮いているのは楽だろう。でも水は粘度が高いため、水の中で泳ぐのは大変なのだ。

回遊する魚たち

海に住む魚たちは私たちが想像しにくいきびしい環境に住んでいるといえるだろう。酸素が少なく前に進むのが大変な海の中で、さらにエサを捕まえたり、敵から逃げたりするのはとても大変なことなのが想像できるだろうか。だから、ほとんどの魚は自分の住みか

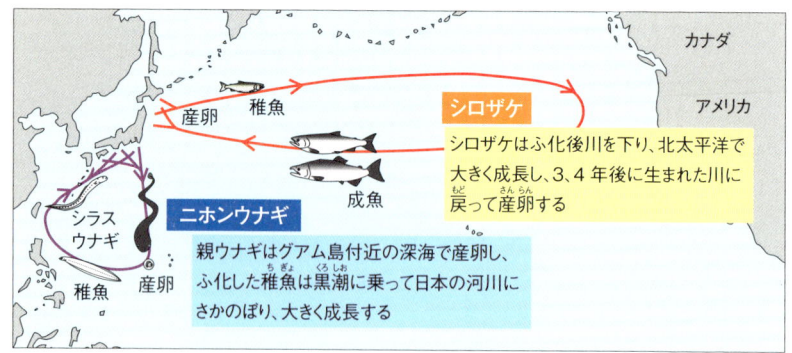

を決めて、その周辺だけでゆったりと生活している。タイやヒラメやフグなんかはそんな魚の代表だ。

でも魚の中には何千キロメートルも何万キロメートルも旅行するものもいる。これを回遊といっている。サケやウナギの回遊は有名だから知っていると思う。これは産卵のための回遊だ。サケは産卵のために生まれた川に戻り、ウナギは川から海に下ってグアム島近くの深海まで行って産卵するのだ（図）。

イワシやサバ、サンマやニシンなども集団で長距離の回遊をする魚たちだ。このような回遊は産卵のためや豊富なエサを求めての大旅行だ。こういう回遊をする魚にはまだまだわからないことがとても多い。

カツオ・マグロのスーパーパワー

この本で述べるカツオやマグロも長距離の回遊をする魚の代表だ。あとで詳しく説明するように、クロマグロは大西洋や太平洋を渡って大回遊することがわかってきた。また、北海道やアイスランドなどのとても冷たい北の海にも回遊して行って、豊富なエサを食

べて丸まると太るのだ。

　また、かれらは冷たい海の中でも、体の中心部の体温をかなり高く保っていることがわかってきた。ほかの魚の体温は海水の温度と同じだから、この能力はすごい。ほ乳類に近いような能力だ。

　しかも、かれらの泳ぎはとても速い。普段(ふだん)ゆったり泳いでいてもほかの魚と比べてとても速いけれど、短時間なら時速100キロメートルで泳げることがわかっている。粘度が高く、酸素の少ない海水中でのこの速度と運動能力は驚異的(きょういてき)だ。

　おまけにかれらは生まれてから死ぬまで一生泳ぎ続けているらしい。このような運動能力を支えるのはかれらのすばらしい体の仕組みなのだ。最近になってそういうカツオ・マグロのスーパーパワーの仕組みがわかってきた。

　この本ではそのようなカツオ・マグロのスーパーパワーの秘密について詳しく説明したい。でも体の仕組みは生理学(せいりがく)や生化学(せいかがく)というむずかしい学問分野で研究される内容であるため、その仕組みは少し理解がむずかしい。正確には高等学校の生物で学ぶ内容も出てくる。特に、第5章で扱(あつか)われている内容がそのような分野のもので、この章は完全には理解できなくてもかまわないだろう。でもいずれ教わることであり、複雑だけれど私たちの体の中でも起こっていて、カツオ・マグロのスーパーパワーのポイントでもあるため、理解するよう挑戦(ちょうせん)してほしい。

　それでは、カツオ・マグロのすばらしい能力を探(さぐ)る旅に出よう。用意はいいだろうか？

目次

はしがき ……………………………………………………… 2

水の中で酸素を呼吸するのは大変／水はとても重い／回遊する魚たち／カツオ・マグロのスーパーパワー

第1章
カジキマグロはマグロの一種か？ …………… 8

マグロの兄弟たち（クロマグロ、タイセイヨウクロマグロ、ミナミマグロ、ビンナガ、メバチ、キハダとその他の熱帯マグロ）／マグロ族のいとこたち（カツオ属、スマ属、ソウダガツオ属とホソガツオ属）／その他のサバ科の魚たち／遠い親せき―サバ亜目の仲間／カツオとマグロは特別？

第2章
カツオ・マグロは一生泳ぎ続ける？ ……………… 32

カツオ・マグロの遊泳速度／ゆったり遊泳速度と浮き袋／高速遊泳に適した体

第3章
カツオ・マグロの体の秘密 ……………………… 42

カツオ・マグロの活動度は他の魚よりはるかに高い／酸素の取りこみはとても多い／カツオ・マグロの心臓はとても大きい

第4章
カツオ・マグロの筋肉の秘密 ………………… 51

カツオ・マグロの血合筋は大きい／普通筋と血合筋の違いは？／ほ乳類の筋肉はどうなんだろう？／カツオ・マグロの遊泳と筋肉

第5章 カツオ・マグロの運動能力の秘密 ……………… 59

カツオ・マグロ筋肉のミオグロビン／ミトコンドリアってなに？／エネルギー源となるのはどんなもの？／筋肉で酸素なしにエネルギーを作る仕組み／ゆったり遊泳を支えるエネルギーを作る仕組み／血合筋と普通筋のパワー

第6章 カツオ・マグロの体温はほ乳類なみ？ ………… 75

変温動物と環境温度／カツオ・マグロの体温／高体温を保つメカニズム／カツオ・マグロの体温保持システム／体温を高める理由／カツオの回遊

第7章 クロマグロの大回遊を追う ……………………… 92

回遊経路の推定／タイセイヨウクロマグロの大回遊／太平洋におけるクロマグロの回遊

第8章 マグロの未来 ……………………………………… 104

マグロがあぶない／クロマグロの養殖／マグロを大切に

あとがき ………………………………………………………… 110

第1章
カジキマグロはマグロの一種か？

　魚屋さんやスーパーの魚売り場で真っ赤なマグロの切り身や刺し身を見たことはあると思う。マグロの寿司や刺し身はよく食べるだろうけれど、丸まる一匹のマグロの姿を見たことがあるだろうか。ときどきスーパーで小さなマグロの解体ショーをやっているけれど、そんなときしかマグロの全身にはお目にかかれないと思う。でも、もしかすると大きなマグロの頭だけがスーパーの刺し身売り場にかざってあるかもしれない。

　マグロはとっても大きな魚なのだ。ときどきテレビでもやっているけれど、体重が300キログラムを超えるクロマグロもいる。体長は2メートル以上もあるだろう。想像できるだろうか？　まん丸と太って家の天井まで届くほどの大きさだ。

　大きいだけならほかにもジンベエザメやマンタなど何種類かいるけれど、マグロはほかの魚とはとても違った特別な魚なのだ。まず時速100キロメートルで泳ぐことができる。ほんの短時間、みんなの100メートル走のタイムくらいだけれど、巨大な弾丸のようになって泳ぐのだ。

　でも時速100キロメートルで泳げる魚はほかにもいる。マグロはそれだけでなく、一生泳ぎ続けるのだ。泳ぎをやめたら窒息して

第1章 カジキマグロはマグロの一種か？

死んでしまう。だから眠っているときも泳いでいる。

おまけにマグロは体温が高い。普通の魚の体温はまわりの水温と同じだけれど、マグロの体温は水温よりも数℃から20℃も高い。これは驚きだ。そんなマグロのスーパーパワーにせまる前に、この章ではマグロの仲間の種類と特徴を見てみよう。

マグロの兄弟たち

まず、マグロの仲間たちを紹介しよう。マグロには8種類の兄弟がいる。でも、そのうち私たちが見たり、食べたりしたことがあるのは6種類だろう。つまり、クロマグロ、タイセイヨウクロマグロ、南半球のミナミマグロ、そしてメバチにキハダとビンナガ、これらが日本で刺し身や寿司ネタとしてよく食べられている種類だ。

これらのマグロは魚の分類ではマグロ属という仲間にまとめられるけれど、細かく分けるとキハダはネオツナ亜属という熱帯の種で、ほかはツナ亜属に入れられている（図1-1）。"ツナ"は英語でマグロの仲間のこと。ツナ缶はマグロの缶詰のことだ。"亜"というのはその次という意味で、属の下の分類グループなのだ。別の説もあるものの、もともとマグロは背中が"真っ黒"という意味で名づけられたらしい。

●クロマグロ

日本で一番高級なマグロはなんといってもクロマグロだ。ホン（本）マグロとかシビと呼ばれることもある。魚屋さんはホンマグ

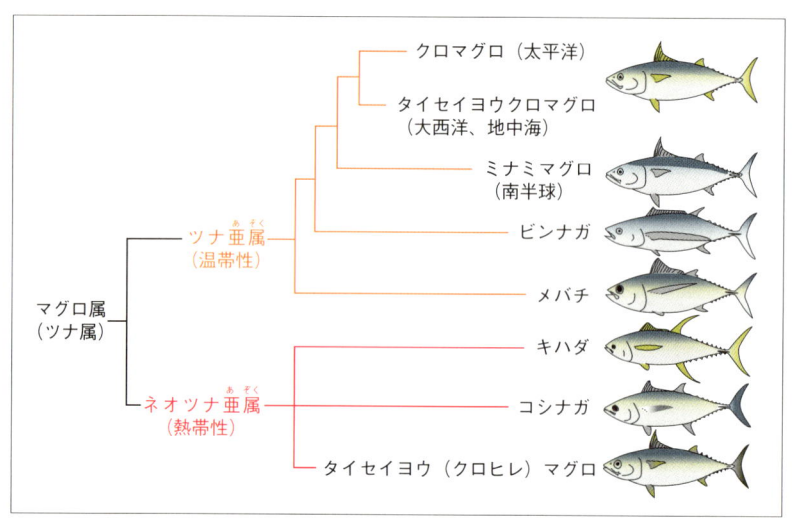

図1-1 マグロの兄弟たち（マグロ属の仲間）

ロということが多い。食べたことがあるだろうか？ お寿司屋さんでホンマグロの大トロなど食べたら、目玉が飛び出るほどの値段になるだろう。高級な寿司店や日本料理店に行かないと食べられないのがホンマグロだ。

　英語ではブルーフィンツナ、青いヒレのマグロという意味だ。生きているときは青いけれど、死ぬと真っ黒になるので日本ではクロマグロ。日本語と英語の名前は食べるときと生きているときの色の違いなのだ。欧米では昔は食べなかったから、生きているときの色で名前をつけたのかもしれない。今では健康にいいということでアメリカでもヨーロッパでもよく食べるようになってきている。欧米ではどこの都市にもたくさんのお寿司屋さんがあるくらいだ。

　図1-2に示すように、太平洋のクロマグロは沖縄や台湾の近くの海で生まれ、黒潮に乗って日本海や太平洋岸を北に向かい、北海道

 カジキマグロはマグロの一種か？

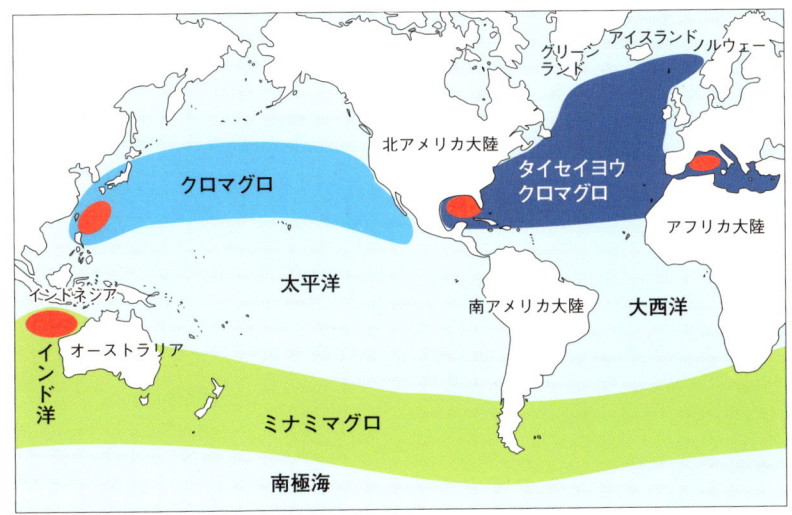

図 1-2　クロマグロ、タイセイヨウクロマグロとミナミマグロの生息場所と産卵場（赤）

にまで回遊することが知られている。テレビでよく大間のマグロ漁をやっているけれど、見たことがあるだろうか？　大間は北海道と本州のあいだの津軽海峡に面した青森県の漁師町だ（図 1-3）。

　冬になると大きなクロマグロがイカやトビウオなどのエサを求めて冷たい海にまで回遊して行く。こういうのを学者は索餌回遊といっている。エサをさがしての回遊という意味だ。若いときには日本から太平洋を横切ってアメリカにまで回遊して行き、また戻ってくることもクロマグロの不思議の一つなのだ。アメリカまで行く理由はまだわかっていない。戻ってくるのは産卵のためのようだ。

　寿命は 10 年以上とされていて、全長 2.5 メートル、体重 300 キログラム以上にもなる。ときには体重 500 キログラム近いクロマグロが上がることもある。300 キログラム以上の大きなマグロでは、東京の築地市場で 1 匹 3000 万円以上の値段がついたこともあるほ

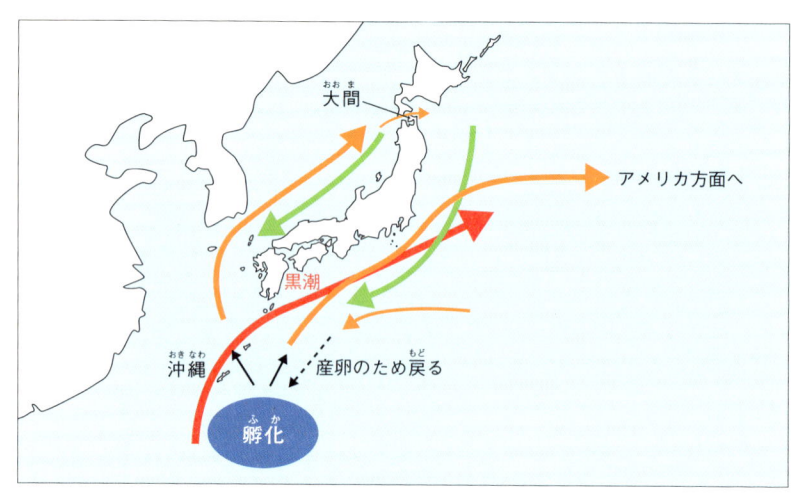

図 1-3　クロマグロの回遊図
　　　　オレンジ：春〜夏、緑：秋〜冬。赤は黒潮

どだ。通常は1匹数十万円くらいで取り引きされているようだ。

　マグロのおなかの部分が大トロといわれ、最も脂が多いところだ（図 1-4）。その上あたりが中トロで、背中の肉は赤身といわれている。大トロは70、80年前までは刺し身なんかでは食べなかったらしい。おいしくないとされていたのだ。今では大トロは値段も高いし、その口の中でとろけるような脂の味はなんともいえないおいしさで、最高級の寿司ネタだ。しかし、昔はマグロは下等な魚とされ、江戸時代の後期になってようやく一般に食べられるようになったといわれている。今では信じられないくらいだ。

　タイやヒラメに代表されるようなくさりにくい白身の魚が昔は高級とされていたのだ。冷蔵庫のない時代には、くさりやすいカツオやマグロは漁師町でしか食べられなかったのだろう。特に脂の多いトロの部分は脂が悪くなって、すぐにいやなにおいがした

第1章　カジキマグロはマグロの一種か？

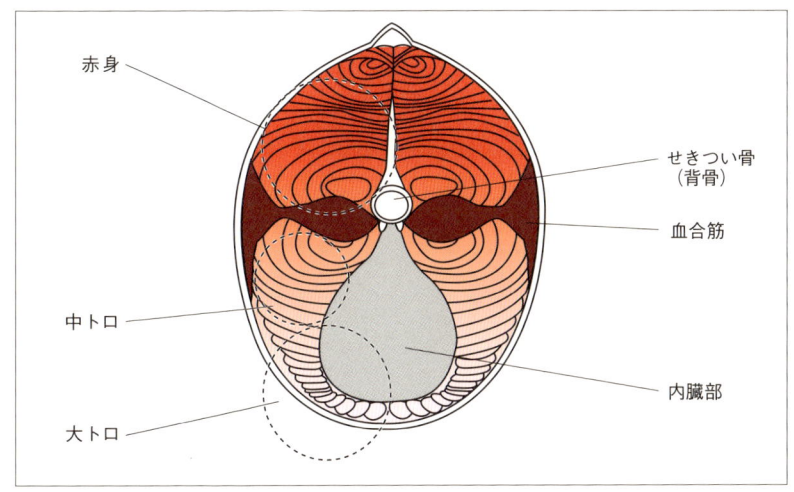

図1-4　輪切りにしたマグロの筋肉
　　　　濃い赤は血合筋を示す

り、ビリッと舌を刺すような味がしたはずなのだ。だから大トロどころか、マグロそのものをよく食べるようになったのは冷蔵庫ができてから、つまりみんなのおじいちゃんやおばあちゃんの時代くらいからだ。

●タイセイヨウクロマグロ

　大西洋にもクロマグロがいて、太平洋のものと同じだと長いあいだ考えられてきた。でも最近になって遺伝子を調べたりすることで、別の種類とされるようになってきたのだ。遺伝子は最近親子関係を調べたり、殺人犯を特定したりと大活躍だけれど、生物の種類を決めるのにもよく使われているのだ。

　大西洋のクロマグロ（タイセイヨウクロマグロと呼ぶことにしよう）はアメリカの南のメキシコ湾と地中海の2カ所に産卵場所が

13

あって、第7章で詳しく説明するように、大西洋を横切る回遊もすることがわかっている。タイセイヨウクロマグロはアイスランドやノルウェー近海のような北のとても冷たい海にも回遊して行くようだ（図1-2：11ページ）。

太平洋のクロマグロよりも大きくなって、寿命も20年以上といわれている。これまでに体長4.6メートル、体重684キログラムの巨大マグロが釣られたことがあるほどだ。

地中海のタイセイヨウクロマグロは今まで獲りすぎたため、とても数が減ってしまっている。大西洋のヨーロッパ側では禁漁にして獲るのをやめようかとか、ワシントン条約（絶滅のおそれのある野生動植物の種の国際取引に関する条約）に登録し、ジュゴンやシロナガスクジラやジャイアントパンダのようにすべての国際取引を禁止しようとか、国際会議で何度も相談されているほどだ。

アメリカ産、スペイン産やイタリア産などのタイセイヨウクロマグロがはるばる日本にまで飛行機で送られてきて、刺し身や寿司ネタになっている。日本は世界中のクロマグロを輸入して食べているのだ。タイセイヨウクロマグロの80％以上は日本に向けて輸出されているらしい。

● ミナミマグロ

クロマグロは北半球にしかいないけれど、南半球にもクロマグロとそっくりの仲間がいる。名前はミナミマグロだ。インドマグロと呼ばれることもある。ミナミマグロは南半球の冷たい海に住んでいて、南緯40〜50度くらいを中心にして、オーストラリアから南

第1章　カジキマグロはマグロの一種か？

米やアフリカの南まで、地球をひとまわり回遊している。産卵場所はオーストラリアとインドネシアのあいだの海域らしい。図1-2（11ページ）にミナミマグロの分布も示してある。これもクロマグロと同じくらい大きくなり、寿命も20年以上といわれている。

50年も前から日本の漁船がさかんにミナミマグロを獲ったことによりとても数が少なくなっているため、獲る量つまり漁獲量はきびしく制限されている。オーストラリアでは小さなミナミマグロを捕まえて、大きな"いけす"で大きく育てて日本に輸出している。こういうのを養殖と呼んでいる。

最近は日本のスーパーでもミナミマグロとかインドマグロとしてよく売られているから、きっとみんなも食べたことがあると思う。養殖すると運動不足で脂が多くなり、トロの部分が増えるので日本人にはとても喜ばれている。人間と同じで食って寝てばかりいればおなかに脂がたまるのだ。

● ビンナガ

ビンナガはビンチョウとかトンボと呼ばれ、胸ビレがトンボの羽のようにとても長いマグロだ。体長は1メートルくらいで、体重40キログラム程度と小型だ。赤道付近を除いて世界の海に分布していて、クロマグロと同じようにかなり冷たい海にも住んでいる。

ほかのマグロのように筋肉が赤くなく、ピンク色をしているのが特徴で、ホワイトミートというツナ缶によく使われ、世界中で好まれている（図1-5）。トロの部分はビントロと呼ばれ、最近は回転寿司などで寿司ネタとしても人気があるようだ。

図 1-5　ビンナガの切り身

図 1-6　マグロ肉から作られるツナ缶
　　　　はごろもフーズ（株）提供

　ツナ缶は1929年に静岡県で初めて海外向けに製造され、それ以来世界中で利用されるようになった。ビンナガだけではなく、キハダやカツオも使われ、水煮と油漬けがあり、種類はとても多い（図1-6）。寿司、手巻き寿司、サンドイッチ、ツナサラダなど用途も広く、世界中で愛用されている缶詰なのだ。日本以外ではインドネシアやタイ、フィリピン、アメリカ、メキシコ、ヨーロッパではスペイン、イタリアなどでたくさん作られている。

● メバチ

　メバチはクロマグロの仲間とこのあと説明する熱帯種との中間のマグロで、世界の海に分布している。目鉢と漢字で書かれるように大きな目が特徴で、英語でもそのままビッグアイだ。体長1メートルくらいが普通の小さなマグロだ。でも15年以上生きるとされている。刺し身としては東日本でよく食べられていて、クロマグロとミナミマグロの次に好まれている種類だ。刺し身にすれば、見かけはクロマグロと区別はつきにくいだろう。真っ赤できれいな刺し身になる。

第1章　カジキマグロはマグロの一種か？

●キハダとその他の熱帯マグロ

　キハダ、タイセイヨウ（クロヒレ）マグロとコシナガは熱帯性のネオツナ亜属に属しているマグロで、キハダ以外は日本ではなじみがない。キハダはマグロの中では最も漁獲量が多く、世界中で100万トン以上も漁獲されている重要種だ。赤道をはさんで南北に緯度25度くらいが主な分布場所で、世界中で漁獲される。産卵場もこの範囲にあるようだ。体長は最大で2メートルにもなるわりあい大型のマグロだ。

　刺し身や寿司ネタとしては関西地方で好まれている程度で、ツナ缶に加工されることが多い。キハダは胸ビレが黄色いのが特徴で、英語でもイエローフィンツナと呼ばれている（図1-7）。フィンはクロマグロのブルーフィンと同じようにヒレのことだ。

　メバチやキハダは魚屋さんではよくメバチマグロやキハダマグロと呼ばれている。間違いではないけれど、マグロはつけないのが正しい名前（和名という）だ。

図1-7　キハダ
（独）水産総合研究センター　張 成年氏提供

17

マグロ族のいとこたち

　マグロ属以外にマグロによく似た種類をまとめてマグロ族と呼んでいる。読み方は同じだけれど、"属"と"族"で漢字は違っているのだ。このグループにはマグロ属のほかにカツオ属、スマ属、ソウダガツオ属、ホソガツオ属が含まれている（図1-8）。いずれもマグロの近い親せきで、いとこたちと考えていい。マグロによく似た仲間たちだ。外国ではこれらほかのマグロ族の魚もすべてマグロ（ツナ）と考えている。

● **カツオ属**

　カツオ属にはカツオ1種類しか含まれていない。世界中の暖かい海に住んでいて、世界中で食べられている。カツオは小さいのがスーパーの魚売り場などで一匹丸ごと売っていることがあるから、見た

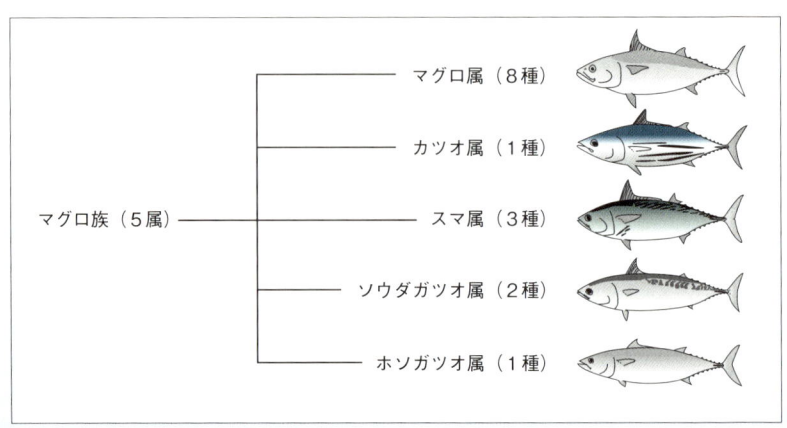

図1-8　マグロ族の魚たち

 カジキマグロはマグロの一種か？

ことがあるかもしれない。きれいな銀色でおなかに縦じまが数本見える。縦じまってわかるだろうか。頭からしっぽの方向が縦なのだ。人間でも同じだ。縦じまのシャツといったら頭から足先の方向のしま模様だね。

でもカツオが生きているときには縦じまはめだたないし、ただの銀色ではなく青や緑のあざやかな色をしている（図1-9、1-10）。とても美しい魚なのだ。

図1-9　前はカツオ、後ろはキハダ
　　　　青や緑の美しい魚

図1-10　カツオ
　　　　右のカツオは興奮しているため色が濃い

19

日本のカツオは南の海から黒潮に乗って春先に鹿児島沖に現れ、しだいに北上して北海道にまで達し、カタクチイワシなどのエサを十分に食べて、秋になると丸まると太って逆に南に下ってくるのだ。春先のカツオは初ガツオといわれ春の味覚だね。さっぱりした味で、刺し身やタタキでおいしく食べられている。食べる機会は多いのではないだろうか？

　秋の下りガツオあるいは戻りガツオは脂が乗って、よりおいしいといわれている。トロガツオなどと呼ばれることもある。最近、マイナス60℃にもなる冷凍庫を積んだ冷凍船でたくさん獲って、冷凍トロガツオなどとしてスーパーでは1年中売られているね。表面を焼いてタタキにしたのも最近はよく見かけるようになった。

　カツオは群れを作っていて、イワシなどの大群を見つけると集団でおそいかかって食べるのだ。そこではカツオドリなどの海鳥が上からもイワシにおそいかかっているので、遠くからでもカツオの群れはすぐにわかる。そこに船をつけて、さおで釣るのが昔からの伝統的なカツオの一本釣り漁だ。海の男があこがれる勇壮な釣りなのだ。カツオは全長50〜60センチメートルが普通だけれど、1メートル以上にもなる。

　最近日本各地の水族館で、大きな円形水槽にマグロやカツオを収容して飼育できるようになってきている。泳いでいるカツオやマグロを見たことがあるだろうか？　でもそこにはカツオはほとんどいないだろう。だいたいはキハダか、次に出てくるスマだ。なぜかというと、カツオはとても弱い魚なのだ。すごく速く泳ぐので、水槽に入れると壁に激突して死んでしまうのがほとんどだ。とても神経

 カジキマグロはマグロの一種か？

質で飼育のむずかしい魚で、100尾に1尾くらいしかエサを食べるほどにまでなれてくれない（魚の数え方は"匹"よりも"尾"をよく使う）。でも泳いでいる姿はとてもスマートだ。今度水族館に行ったらさがして見てほしい。

図1-11は私がハワイのオアフ島でカツオの一本釣り船に乗せてもらい、カツオを獲ってもらったときの写真だ。その日の最後の漁のときに、エサを入れていた船内の水槽に今度は獲れた生きたカツオを30尾ほど収容してもらい、港に戻ってクレーンでつった小さな水槽にシカの皮を張った大きなタモ網で傷つけないようにそっと移す（図1-12）。そして、そばにある実験所の直径8メートルの水槽に収容し（図1-13）、実験に使ったものだ。でも一晩で半分も死んでしまった。とても繊細な魚なのだ。

カツオは生で食べるほか、昔からかつお節に加工されてきた。日本料理の"だし"を取るのに使われてきた重要な水産加工品だ。

図1-11　ハワイのオアフ島でのカツオの一本釣り

図 1-12　船からシカ皮のタモでカツオをすくってクレーンでつった小さい水槽に移動

図 1-13　運搬用水槽から直径 8 メートルの陸上水槽にカツオを収容

　かつお節を見たことがあるだろうか？　枯れた木のかけらのようだね。かつお節は室町時代から作られていたことがわかっている。
　作り方は図 1-14 に示すように、まずカツオの内臓や頭と骨を取って、背中と腹の肉それぞれ 2 枚にし、ゆでる（煮熟という）。これ

第1章　カジキマグロはマグロの一種か？

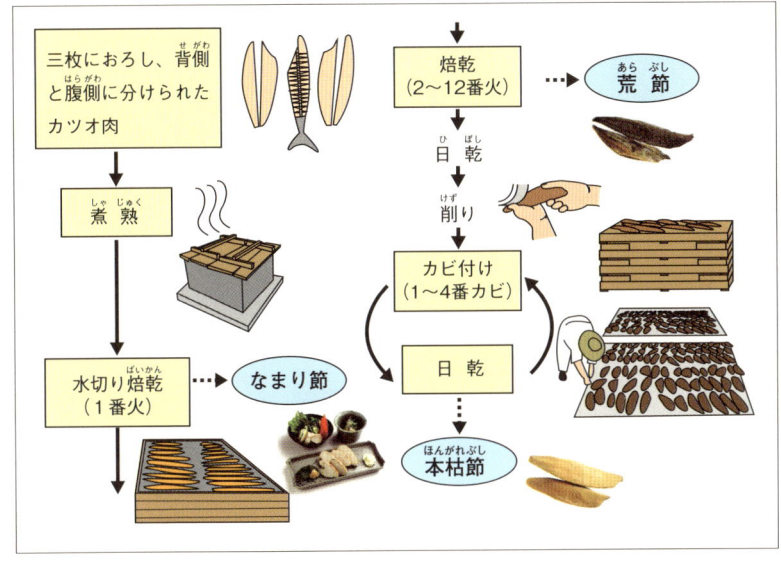

図 1-14　かつお節の製造法

を少し乾燥したものはなまり節といってスライスして薬味をつけて食べられる。これをその後、木を燃やした煙でいぶして（焙乾という）乾燥させる。これが最初のころのかつお節だったようだ。荒節と呼んでいる。これを削ったのが花がつおだ。

　江戸時代に入るとこの荒節をしめったところにおいてカビをつけ、その後これを日光にあてて乾燥し、これをくり返してカチンカチンに乾燥したかつお節（本枯節という）を製造するようになった。カビによって脂が分解され、水分も減り、これでだしを取ると"だし"がきれいに透明になる。これは芸術品だといえるだろう。同じような荒節はインド洋のサンゴ礁にかこまれたモルディブ共和国でも昔から作られているのはおもしろい。

　ところで、みんなのお母さんはどうやって味噌汁や煮物の"だ

図 1-15　本枯節とかつお節削り器
　　　　箱の上には大工さんの使う刃のついたカンナがあり、これで薄く削って下の箱に入れる。松ヶ枝屋提供

し"を取っているだろうか？40年ほど前までは子どもが小学校から帰ると、よくかつお節削りのお手伝いをしたものだ。固い本枯節をかつお節削り器（図1-15）で薄く削って花がつおのようにするのだ。とってもいいにおいだったのをおぼえている。今では日本料理店にでも行かないと見られないだろう。

　かつお節のうま味の元はイノシン酸と呼ばれる物質だ。煮干しにも同じものが含まれている。だから煮干しで"だし"を取ることもある。実はほかの魚にも肉にも同じものが含まれていて、肉や魚のおいしさの元になっているのだ。干ししいたけのうま味の元はグアニル酸というイノシン酸の仲間だ。日本人は昆布でも"だし"を取るけれど、昆布のうま味の元はグルタミン酸というアミノ酸の一種だ。

　カツオは縄文時代から今日まで、日本人の生活にはなくてはならないものだったといえるだろう。

● スマ属

　カツオにとてもよく似ているけれど、別の属に分類されているのはスマ（ヤイトとも呼ばれる）や大西洋のボニート（かわいい魚と

第1章 カジキマグロはマグロの一種か？

図 1-16 スマ
美しい緑色で、背中のサバのような模様があざやか

いうスペイン語）だ。カツオのことをボニートと呼ぶ人もいるけれど、カツオは英語ではスキップジャックツナ。スキップするように飛びはねるマグロという意味だ。スマはハワイの呼び方のカワカワが英名になっている。

　スマは水族館で飼われているマグロの仲間では一番数が多いだろう。飼いやすい魚だ。緑色をして、背中にはサバのような模様があるのですぐわかるはずだ（図 1-16）。体長は 50 センチメートル程度でそんなに大きくはなれない。日本ではあまり食べないけれど、ハワイなどではよく食べられている魚なのだ。

● ソウダガツオ属とホソガツオ属

　このほかのマグロ族の魚ではホソガツオ属とソウダガツオ属がある（図 1-8：18 ページ）。ホソガツオ属はホソガツオ 1 種のみでア

25

ロツナスとも呼ばれる。全長1メートルにもなるやせたカツオという感じの魚だ。南半球に生息しているのであまり目にする機会はないだろう。

　ソウダガツオ属にはマルソウダとヒラソウダの2種類が知られている。両方ともかつお節のようなそうだ節に加工される。おそば屋さんがそばつゆのためのおいしいだしを取るには、かつお節よりもむしろ厚く削ったそうだ節を使い、1時間以上もの長い時間コトコトと沸騰させる。それによりだしが濃くなり、おいしいそばつゆができるらしい。スーパーに行くとかつお節のとなりに売っていることがあるから見てほしい。

　ソウダガツオの姿はカツオに似ているけれど、せいぜい体長50～60センチメートルくらいで小さい。マルソウダはその名のとおり、ヒラソウダより丸いのが特徴だ。

その他のサバ科の魚たち

　マグロ族の魚は近い親せきといえるハガツオ族、サワラ族およびサバ族と一緒にサバ亜科というグループにまとめられている（図1-17）。これに南半球にいるガステロキスマ亜科のガストロという大きなウロコのある原始的なマグロを含めると、サバ科という大きな分類グループになる。このサバ科には結局15属50種のマグロの仲間が含まれている。スーパーでよく見る20～30センチメートルくらいのサバと巨大なマグロが親せきだなんて想像できないかもしれないけれど、あとで説明するように、サバ科の魚はやはり体も生活

第1章　カジキマグロはマグロの一種か？

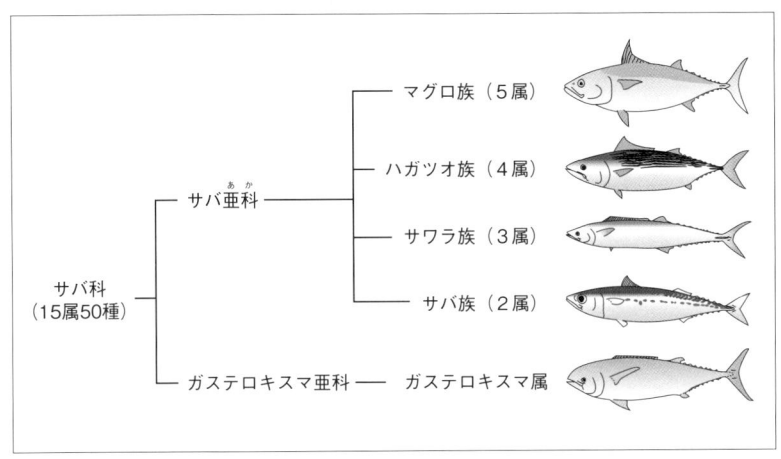

図1-17　サバ科の魚たち

もよく似ている。

　このように、生物の分類ではそれぞれの種（これが分類の基本の単位）に近い仲間が集められてグループとなり、それがしだいに大きなグループにまとめられていく。グループの名前は属から（族）、科、亜目、目というように変わっていく。人間はサル（霊長）目真猿亜目ヒト科ヒト（ホモ）属ヒトという種だ。クロマグロはスズキ目サバ亜目サバ科サバ亜科マグロ族マグロ属クロマグロという種になる。全く気が遠くなりそうなほど複雑なのが生物の分類なのだ。

　ハガツオの仲間には4属7種がいるけれど、日本でたまに食べられるのはハガツオだけだ。カツオと違って背中に縦じまが何本もあるのでカツオとは区別ができる。大きな歯をもつカツオという名前だ。50センチメートルくらいのものが多く、カツオのようにタタキにするとおいしい魚だ。

　サワラ族は3属に分けられ、サワラはサバと同様に日本でもよく

食卓に上る魚だろう。大きいものでは50〜70センチメートルにもなる魚で、漢字では"鰆"と書く。おなかが細いという意味でサワ（ハ）ラと名づけられている。さかなへんに春と書くけれど、冬の方がおいしいと関東ではいわれている。サバと同じように味噌煮がおいしい魚だ。

　カマスサワラはオキザワラとも呼ばれ、全長2メートルにもなる大きな細長い魚だ。沖縄地方ではよく食べられているようだ。あとで出てくるようにマグロと同様に高速で泳げるため、大物釣りの釣り人にはマグロやカジキと同じように人気がある魚だ。

　最後はサバ族だ。2つの属に分けられるけれど、サバ属のマサバと西日本に多いゴマサバがよく知られている。沖縄地方のグルクマというのも同じ仲間だ。大西洋にもよく似た大西洋サバがいる。最近は日本近海でマサバが獲れなくなってきているので、ヨーロッパから大西洋サバ（ニシマサバ）が輸入されている。みんなも知らずに大西洋サバを食べているかもしれない。

　サバは典型的な赤身の魚で、日本中でよく食べられている。昔からの安くてとても普通に食べられている魚で、イワシやサンマなどとともに大衆魚とも呼ばれている。しめサバや味噌煮、サバの押し寿司などが人気のメニューだ。水族館で泳いでいるサバを見たことがあるだろうか？　とても美しい緑色で背中の模様があざやかだ。

遠い親せき―サバ亜目の仲間

　サバ亜目という大きなグループにはサバ科の魚以外に、刀のよう

第1章　カジキマグロはマグロの一種か？

な細長いタチウオの仲間、ワックス（ロウ）が多くて食用にはしないアブラソコムツやバラムツを含むクロタチカマスの仲間、そして一夜干しがおいしいカマスの仲間などが含まれる（図 1-18）。

　そして、カジキの仲間がようやく出てきた。メカジキ科はメカジキ一種だけだ。マカジキ科にはマカジキやクロカジキ、シロカジキ、バショウカジキなどがいる（図 1-19）。どれも上あごが長くするどく伸びて、独特な姿でよく知られている。とても大きく成長し、体重200キログラムから大きいものではシロカジキやクロカジキのように700〜800キログラムにもなる巨大なカジキもいる。

　ヘミングウェイというアメリカの作家の「老人と海」という小説を読んだことがあるかもしれない。キューバのハバナに住む老漁師が小舟に乗って一人で釣りにでかけ、3日3晩格闘するのは大西洋のクロカジキ

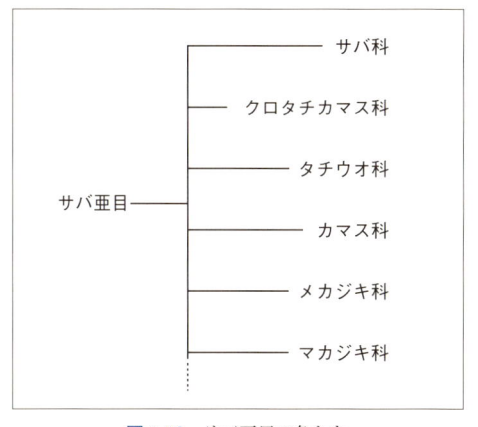

図 1-18　サバ亜目の魚たち

図 1-19　カジキの代表、マカジキ（上）とメカジキ（下）
　　　　藍澤正宏氏提供

だ。見事に大物をしとめるが、舟にくくりつけて港に帰る途中にサメに横取りされてしまうという物語だ。

カジキはマグロやシイラと同様に大物釣りの対象になり、釣りの歴史はとても長い。クロカジキは英語ではブルーマーリンで、青いカジキという意味だ。やはり日本語では死んだあと、英語では生きているときの色から名づけられている。クロマグロの場合と同じだ。

最近は遺伝子を調べて魚の分類が行われている。それによると、カジキ類はサバ亜目の魚たちとはかなりはなれていて、カジキ亜目という独立した亜目に分類されることが多くなってきた。そうなればもうマグロとはとてもいえなくなる。

カジキ類の肉はマグロのように赤くはなく、ピンク色だけれど、魚屋さんで切り身を見たことがあるだろうか？ ステーキや照り焼きにすれば味はそっくりで、昔は安いマグロとして食べられていたようだ。だからカジキマグロと呼ばれ、マグロの一種にされていたのだ。でもマグロの仲間ではなく、とても遠い親せき同士だということがわかる。カジキマグロと呼ばれてはカジキがかわいそうだ。メカジキやマカジキと正しい名前で呼んであげよう。

カツオとマグロは特別？

これでサバ亜目の多くの魚の関係がよくわかっただろうか？ とてもおいしくて重要な魚がたくさん出てきたね。この中で、日本ではカツオ・マグロというように、カツオだけをマグロと並べて同じ仲間扱いにしている。別のいい方をすれば、カツオをマグロとは分

 カジキマグロはマグロの一種か？

けている。これはなぜだろうか？

　前に書いたように、外国ではマグロ族の魚はカツオもスマもすべてツナと考えている。だから図1-8（18ページ）のマグロ族の5属15種はすべてツナだ。生きたマグロを使って実験をする場合には、大きなマグロはとても扱いにくいので、1〜3キログラム程度の小さいキハダやカツオ、スマを使う(くわ)のが普通だ。あとで詳しく説明する実験結果はたいがいこういう魚で得られた結果なのだ。

　ところが、日本ではカツオをマグロの仲間に入れていない。カツオとマグロの刺し身は日本人ならたぶん区別できるだろう。カツオもマグロも昔から日本人には最もなじみの深い魚で、大きくて栄養的にも同じように優(すぐ)れている。タイやヒラメを釣るのとは違って、カツオやマグロの釣りは勇壮(ゆうそう)な海の男たちのはなやか(ぶたい)な舞台だったのだろう。

　しかし、カツオとマグロとでは明らかに味が違う（図1-20）。また、カツオはかつお節に加工して広く利用されている。マグロは小さなものでまぐろ節を作らないわけではないけれど、いいだしは取れないとされ、一般的(いっぱんてき)ではない。つまり、よく似た魚だけれど、味も用途(と)も異なることから、歴史的に古くからカツオとマグロをはっきり区別し、カツオ・マグロとまとめて呼ぶようになったのだと思う。味の違いはわかるかな？

図1-20　カツオ（左）とマグロ（右）

第2章 カツオ・マグロは一生泳ぎ続ける？

　カツオ・マグロはとても速く泳げるため、カジキなどとともに高速遊泳魚と呼ばれることもある。マグロは時速100キロメートルで泳ぐとか、160キロメートルで泳げるとか、マグロの泳ぐスピードには古くから色々なことがいわれていた。マグロは時速100キロメートルで一生泳いでいると思っている人も多い。でもそれは無理なはなしだ。マグロがエサを追いかけたり、サメやシャチから逃げるようなときに時速100キロメートルで泳ぐことはできるけれど、それは1回せいぜい数秒間で、これを30秒間隔で10分間程度くり返せるだけのようだ。

　それよりもかれらは卵から生まれて（孵化という）から死ぬまで、一生泳ぎ続けている。眠っているときも泳いでいるのだ。これは驚異的なことだ。

カツオ・マグロの遊泳速度

　カツオ・マグロは一生泳ぎ続けなければならない。なぜだろうか？みんなはキンギョやフナを学校や家で飼ったことがあるかもしれない。キンギョはじっと止まったまま口だけをパクパク動かし、水を口からエラに流して呼吸しているのだ。ため息をつくようにエラぶたが動いているのがわかるだろうか？

 カツオ・マグロは一生泳ぎ続ける？

　でも、カツオ・マグロにはこれができない。エラぶたには筋肉がなく、自分では動かせない。そこでかれらは口を半分開けて泳ぐ。そうすると口からエラに海水が自然に流れて行き、水に溶けている酸素をエラの表面から取りこむことができるというわけだ。だから一生泳ぎ続けなければならないのはかれらの運命なのだ。ちょっとでも止まったら息ができずに窒息して死んでしまう。窒息しない程度の速度で泳ぐことが最低必要なわけだ。私たちは1分間くらいは息を止めていられるけれど、マグロはそれよりも短い時間しか呼吸（つまり泳ぎ）を止めることはできないようだ。

　カツオ・マグロの泳ぐスピードを測定するのはとてもむずかしい。これまでもさまざまな方法が試されてきた。マグロを釣って、リールから釣り糸が出て行くスピードを測定したり、カツオの一本釣りのときに船の端から端まで泳ぐスピードを測定した例もある。最近ではビデオカメラで水中撮影をして画像解析で速度を求めることも行われている。それでも巨大なマグロの泳ぐ速度を測定するのはとってもむずかしいことなのだ。

　魚の泳ぐ速度には、1秒間にその魚の体長の何倍の距離を泳いだか、という速度がよく用いられている。体長倍速度といわれる。これだと魚の大きさは関係なくなるのだ。巨大なマグロと小さなイワシの泳ぐ能力を比較できることになる。

　魚は大きくなるほど速く泳げる。効率よくエネルギーが利用できるからだ。カツオ・マグロは普通1～2体長/秒で泳いでいる。これを"ゆったり遊泳速度"と呼ぶことにしよう。このスピードならカツオ・マグロはいくら泳いでも疲れることはない。人間が歩くのと

33

はわけが違うのだ。ゆっくり歩いても人間はすぐたびれてしまう。ゆったり遊泳速度の最大値、つまり疲れないで泳げる最大速度は2〜4体長／秒とされている。これはサケなどほかの魚でもほとんど変わらないらしい。マグロが特に優れているわけでもなさそうだ。

カツオ・マグロが数秒間突進するときの速度、これを"突進遊泳速度"と呼ぼう。この速度の測定例はとても少ないが、12〜15体長／秒くらいといわれている。これも必ずしもマグロが最も速いわけではないらしい。

このような体長倍速度をもとに、マグロの大きさ別に遊泳速度をちょっと計算してみよう。図2-1にまとめたように、体長が1メートル程度ならば普段は時速10キロメートルくらいで泳ぎ、突進するときには時速50キロメートル前後の速度となる。かなり大型の2メートルほどのマグロなら時速7〜30キロメートルで一生泳ぎ続けることができるし、突進遊泳速度は確かに時速90〜100キロメートルと計算される。

人間の100メートル自由形の世界記録は、北京オリンピックで

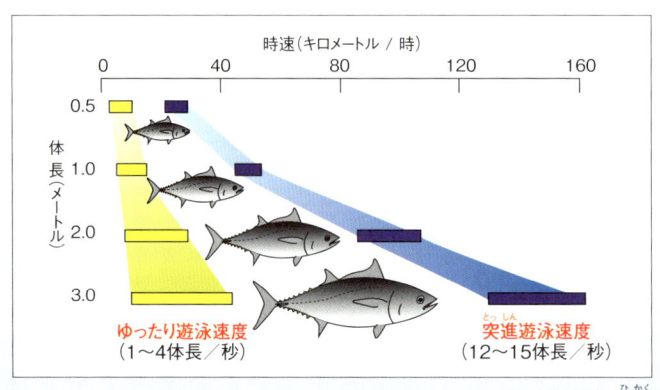

図2-1 マグロの体長による"ゆったり遊泳速度"と"突進遊泳速度"の比較

第2章 カツオ・マグロは一生泳ぎ続ける？

オーストラリアのイーモン・サリバン選手の出した47.05秒で、これを時速に直すと（とてもこの速度で1時間は泳げないが）、7.65キロメートルになる。マグロの泳ぐスピードがどんなに速いかわかるだろう。プールで泳ぐときには陸上を走るのとは違って、なかなか進まなくて苦労したことがあると思う。はしがきに書いたように、水の粘度は高く、そのため抵抗が大きく、進むのは大変なのだ。人間の陸上での100メートル走の世界記録は9.58秒だから、時速では37.6キロメートルだ。人間は水の中では陸上の5倍もかかっている。水の中での時速100キロメートルがとほうもなく速いことがわかるだろう。

　この計算でいくと、超大型の3メートルのクロマグロなら時速160キロメートルで泳げることになるが、これはだれも測定したことはない。これまでの測定記録ではカマスサワラやキハダで時速80キロメートル、クロマグロで80数キロメートルとされている。だからマグロの突進遊泳速度は瞬間的に時速100キロメートル程度と考えておいた方がいいだろう。

　もう一度くり返すけれど、この速度では数秒間泳げるだけなのだ。そして30秒間隔で休み休み10分間程度が限度だとされている。一生このスピードで泳いでいるわけではない。今後大きなマグロのもっと正確な遊泳速度の測定を期待したいところだ。

ゆったり遊泳速度と浮き袋

　マグロの泳ぎがすごいのは突進遊泳速度だけではない。ゆったり遊

泳速度は一生泳ぎ続けられる速度であり、これが体長2メートルでは時速7〜30キロメートルにもなる。人間の100メートル自由形の世界記録か、あるいは自転車よりも速いスピードで休みなく泳ぎ続けられるのだ。これは驚くべきことではないだろうか。眠っているときもこの速度で泳いでいるのだ。そうしないと窒息してしまうのだから。

　眠りながらどうやって泳げるのだろうか。よくわかってはいないが、ほとんどの脳神経は私たちと同じように休んでいても、泳ぐための筋肉を動かす神経は眠らないため泳いでいられるのだろう。

　それでは最低のゆったり遊泳速度はどのくらいなのだろうか。ほとんどのマグロにとってはこの速度は窒息しない最低速度ということになる。でももう一つ大事なポイントがある。マグロ類はコシナガを除いては浮き袋（専門的には鰾という）をもっている。

　魚の解剖をしたことはないかもしれないけれど、魚のおなかを開くと運がよければ、空気がつまった白くて長いソーセージのような浮き袋が見られることがある（図 2-2）。つまっているのは実は空気ではなく酸素なのだ。この浮き袋に酸素を出し入れして浮力を調節している。深く潜るときには酸素を出し、浮き上がるときには酸素を入れていっぱいにふくらませる。この酸素は血管から取り入れた酸素だ。つまり血液でエラから運んできた酸素を浮き袋に入れてふくらませる。今度新鮮なアジやニジマスがあったら台所でそっとおなかをさいてみよう。浮き袋が見られるかもしれない。

　魚の浮き袋は両生類のカエルになると肺に進化する器官だ。アフリカやアマゾンの肺魚（図 2-3）では浮き袋の酸素をかなり呼吸に利用できるようになっている。だから、かれらは乾期には泥に潜っ

第2章　カツオ・マグロは一生泳ぎ続ける？

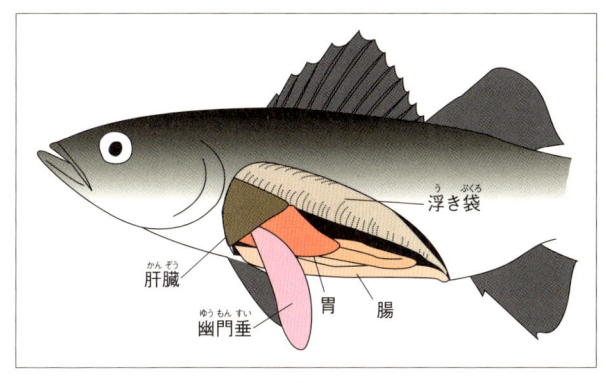

図 2-2　魚の内臓と浮き袋
　　　　幽門垂は第 6 章を参照

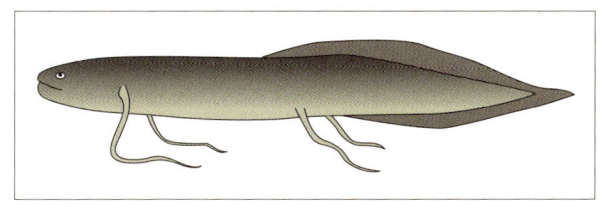

図 2-3　肺魚プロトプテルスの一種
　　　　アフリカのプロトプテルス（4種）、南米のレピドシレン、オーストラリアのネオケラトドゥスの6種が知られている。4億年前に出現した生きた化石

て生き残ることができる。魚によっては浮き袋は鳴き声を出すための装置だったり、水中の音をよく聞くために利用したりしている。便利な器官なのだ。

　水の中をスイスイと気持ちよさそうに泳いでいる魚たちも、実は浮き袋を使って浮いていたのだ。浮き袋をもっているマグロは、だから窒息しない程度のゆっくりした速度が最低速度となる。

　しかし、マグロの仲間にはコシナガをはじめ、カツオ、スマ、ソウダガツオ、サバなど浮き袋をもっていないのもいる。こういう仲間は、ゆっくり泳いでいると呼吸はできても沈んでしまうおそれが

37

ある。だから、ある程度のスピードで泳いでいることにより沈まないようにしなければならない。みんなも泳いでいるときには、ゆっくりよりは速く泳ぐ方が浮きやすいのが実感できるだろう。

問題は体重だ。重くなるとそれだけ沈みやすいので、沈まないためには速く泳ぐ必要がある。だから、浮き袋をもたないカツオなどはそんなに大きくはなれない。コシナガでも20キログラムくらいが限度だといわれる。ほとんどのカツオやスマはせいぜい体重が5～8キログラムまでだ。これでも沈まないためには、浮き袋をもった大きなマグロよりも最低速度はかなり速くなければならない。

なぜカツオやスマは便利な浮き袋を捨ててしまったのだろうか。浮き袋に血液から酸素を送りこんでふくらませたり、酸素を出して浮き袋をしぼませたりするのには時間がかかる。マグロが深海にまで深く潜ったり、また海の表面に浮き上がったりするための浮力の調節にはかなりの時間と労力を必要としているわけだ。

ところが、カツオやスマのように浮き袋をもたなければ、マグロよりも速く泳がないと沈んでしまうけれど、潜るときにはすばやく

もっと知りたい！

浮き袋の長所・短所

長所 ・浮力を調節して浮き沈みが楽に行える
　　 ・沈むことがない
　　 ・さまざまな利用法のある器官（肺魚の呼吸、
　　　鳴き声、聴覚）

短所 ・浮力調節に時間がかかる（上下に動くエサを
　　　すばやく追えない）
　　 ・余分なエネルギーが必要

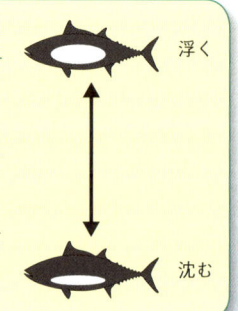

浮く

沈む

第2章　カツオ・マグロは一生泳ぎ続ける？

潜ることができる。おそらくエサのイワシを捕まえるのがすばやくできるのだろう。だからカツオやスマは浮き袋を捨てて、そのかわり体を大きくしないことを選んだのだろう。マグロとカツオとどちらが有利というものではないようだ。でも最低の遊泳速度はマグロよりもカツオやスマの方が速いことは確かなのだ。それは水族館で見ていてもわかると思う。

高速遊泳に適した体

　カツオやマグロが速く泳げるのには、その体にも秘密がある。体がきれいな流線型をしていることは、みんなも知っていると思う。かれらが高速で泳ぐときには背ビレや腹ビレは溝の中に折りたたんでしまい、胸ビレはぴったりと体にはりつかせて、まるで弾丸のようになって泳ぐのだ（図2-4）。

　第2背ビレと尻ビレの後ろにはそれぞれ小さなヒレが6〜10個ついている。これは小離鰭と呼ばれ、高速で泳ぐときに体のまわり

図2-4　クロマグロのからだ
（独）水産総合研究センター提供

にできる水の渦を消す働きがあるらしい。これはサバやサンマにもついている。

　尾ビレのつけ根は細くて、固くもりあがっている。これはキールと呼ばれており、尾ビレを左右に動かすと水を切るように働き、尾ビレを動かしやすくしている。これはイルカやクジラにも見られる仕組みだ。今度魚屋さんでサバを売っていたらしっぽの方をよく観察してほしい。サバ科の魚に共通な特徴なのだ。

　マグロ族には一般にウロコはない。肌が滑らかな方が抵抗は小さくなるので、ない方が有利だ。でもマグロ属には全身に小さいウロコが皮ふにうめこまれてある。カツオには第2背ビレの前からエラぶたまで、背中の皮ふにうめこまれた細かいウロコがある。これらはむしろ水の抵抗をおさえる働きがあるらしい。

　カツオ・マグロの尾ビレは三日月形をしている。この尾ビレをすごく速く振動させるように動かして、かれらは高速で泳ぐのだ。キンギョが泳いでいるところを見たことがあると思う。図2-5に示したようにキンギョが尾ビレを左右に動かすと、体の前の方も反対方向にゆれているのがわかるだろうか。でもカツオ・マグロは尾ビレだけを高速で振動させるため、頭は動かないでまっすぐ進めるのだ。体長60センチメートルくらいのカツオは1秒間に尾ビレを3〜21回も振動するように動かし、これで時速6〜20キロメートルの遊泳速度が得られるこ

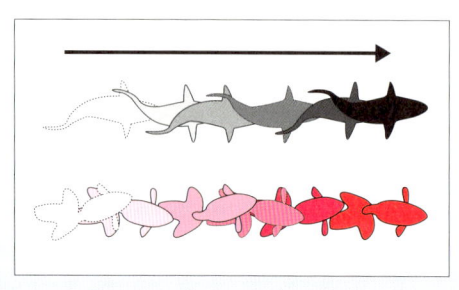

図2-5　マグロとキンギョの泳ぎ方

第2章　カツオ・マグロは一生泳ぎ続ける？

とが確かめられている。三日月形の細い尾ビレがカツオ・マグロの高速での泳ぎを支えているようだ。すばらしい能力だ。

　このように、カツオ・マグロの体はすべてが高速遊泳のために設計されていると思われる。むだがなく、実に見事な美しい形と機能をそなえているのだ。

もっと知りたい！

高速遊泳に適した体

■ 流線形

ミサイルやラグビーボールのような体

■ 背・腹・胸ビレをたたむことでミサイルのような形になれる

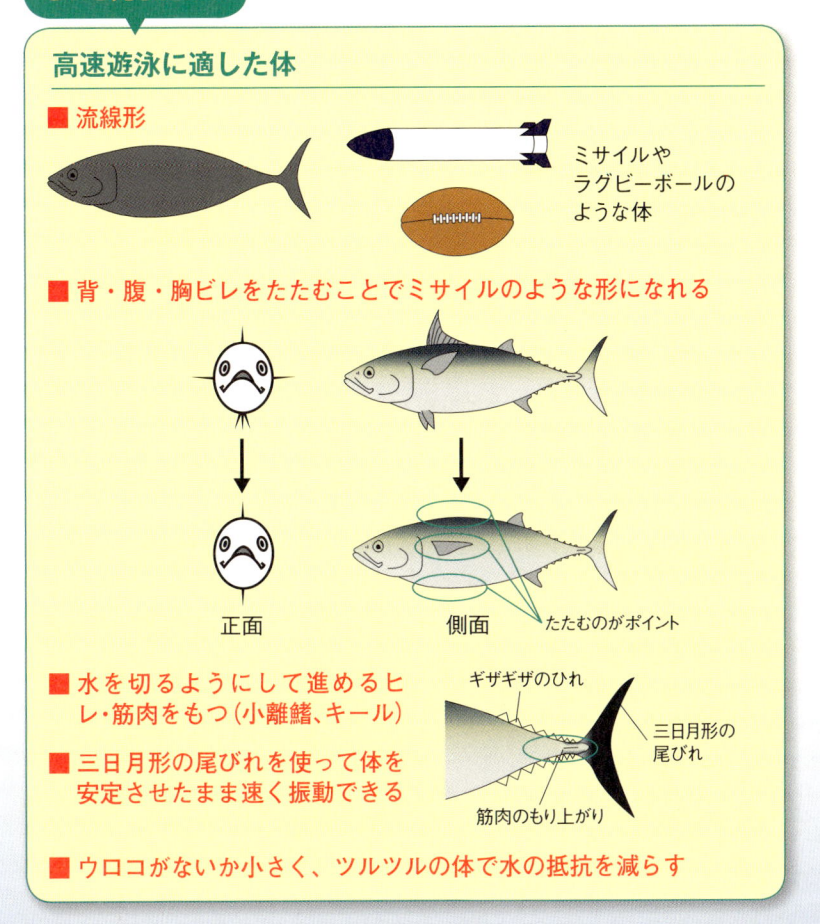

正面　　側面　　たたむのがポイント

■ 水を切るようにして進めるヒレ・筋肉をもつ（小離鰭、キール）

■ 三日月形の尾びれを使って体を安定させたまま速く振動できる

ギザギザのひれ
三日月形の尾びれ
筋肉のもり上がり

■ ウロコがないか小さく、ツルツルの体で水の抵抗を減らす

41

第3章
カツオ・マグロの体の秘密

　カツオ・マグロがとても速く泳げるのは、体の形だけではない。かれらは体の中にも高速遊泳に適した構造をもっており、筋肉はゆったり遊泳にも突進遊泳にも適した働きをしている。その秘密にせまってみよう。

カツオ・マグロの活動度は他の魚よりはるかに高い

　人間は体温が高く、横になってゆっくり休んでいるだけでもかなりのエネルギーを消費している。この消費エネルギーは呼吸や内臓の働きや体温を保つのに最低限必要なエネルギーで、基礎代謝量と呼ばれている。これが私たちの一日の総エネルギーの 60 〜 70 ％を占めている。基礎代謝量は高校生くらいまでは年齢とともに増加し、その後は年を取るにつれて低下する。

　一日に使うエネルギーの量（総エネルギー消費量）は、①この基礎代謝量に、②運動や勉強や遊びなどの生活に必要なエネルギーと、③食事をしたあとに発生する熱を加えたもので、激しい運動をすれば当然エネルギー消費量は大きく上昇する。

　代謝というのは次のような体の中での変化を示す言葉だ。つまり、食物中のエネルギーとなる成分のタンパク質、脂肪、炭水化物が消化吸収されたあと、体の中でさまざまな化学反応を受けて最後に二

第3章　カツオ・マグロの体の秘密

酸化炭素と水に分解される。ものを燃やすと二酸化炭素（炭酸ガス）と水になるのと同じだ。

　その途中でたくさんのATPと呼ばれるエネルギーの元を作りだす。次に、このATPが細胞に必要なタンパク質の合成や物質の運搬や運動など、つまりあらゆる生命活動に使われていく。この体の中で起こるすべての過程を代謝と呼んでいる。だから、ATPはすべての生物の体内でのエネルギー源となるものだ。

　代謝は英語ではメタボリズムという。みんなのお父さんやお母さんが太ってしまっておなかが出てくると、メタボといわれるのはこれだ。代謝のバランスがくずれておなかに脂肪がたまってしまうのだ。

　この代謝の速度が速ければ、エネルギーの元のATPを作るスピードが速く、活動的だということになる。運動の活発な人は代謝速度が速いわけだ。みんなが運動をしているときには呼吸が活発になる。ハアハアいっているのは酸素をたくさん取りこみたいわけだ。だから代謝速度は酸素消費量を測定することで知ることができる。

もっと知りたい！

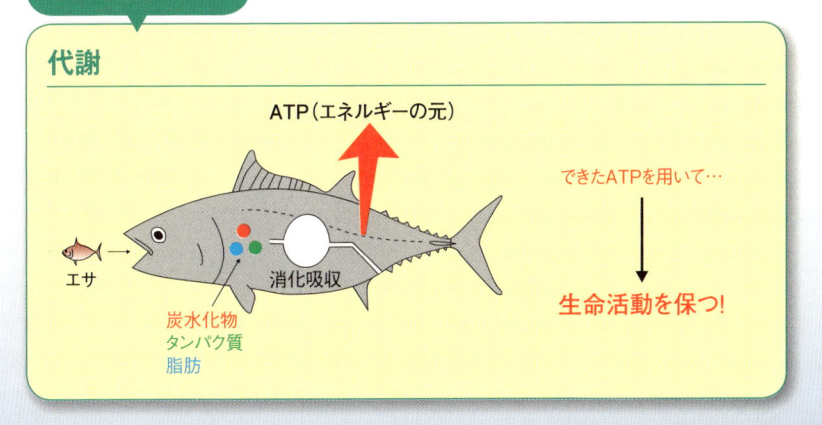

代謝

ATP（エネルギーの元）

エサ → 消化吸収
炭水化物
タンパク質
脂肪

できたATPを用いて…
↓
生命活動を保つ！

43

人間の運動中の酸素消費量を測定するときには、チューブのついたマスクをつけてランニングマシンの上で一定時間走る（図 3-1）。そして呼気中のガス濃度を測定する。魚の場合には、スイミング（スタミナ）トンネルという循環水槽中に魚を入れ（図 3-2）、一定速度で水を循環させながら魚を泳がせる。そして水中の酸素濃度の減少を測定する。この魚が消費した減少分から酸素消費量（1時間当たりの消費酸素のミリグラム数、ミリグラムは1グラムの1/1000）を求める。

　図 3-3 は休息状態、つまりゆっくりと泳いでいるときの酸素消費量すなわち代謝速度を魚の体重に対してグラフにしたものだ。このような縦じく、横じ

図 3-1　人間の酸素消費量を測定するためのダグラスバッグと呼ばれる装置
　　　　運動後バッグの中の酸素と炭酸ガス濃度を測定して酸素消費量を求める

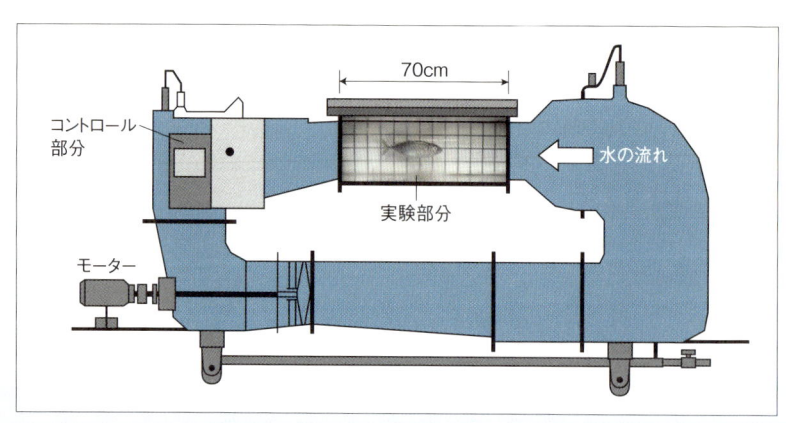

図 3-2　スイミング（スタミナ）トンネル

第3章 カツオ・マグロの体の秘密

くの目盛は対数目盛といわれる。1目盛が10倍ずつ増えていくのに注意してほしい。本当はもっとずーっと大きなグラフを小さく縮めたものと考えてよい。赤い点線はベニザケなどのカツオ・マグロ以外の魚の場合を示している。

図に見られるように、たとえば体重が3キログラム程度のほかの魚と比べて同じ体重のカツオとキハダは6〜8倍も代謝速度が速い。対数目盛であるためあまり差がないように見えるけれど、実際は大きな差がある。このように、カツオ・マグロの代謝速度はほかの魚の2〜10倍も高い。運動の活発なブリと比べても2倍くらい高い。

別の実験でもう少し速く泳いでいるときには、ブリよりもカツオやキハダは6〜8倍の代謝速度であることも調べられている。でも、このような実験では体重が5キログラム以下の小さいカツオやキハダを使っているため、もっと大きなマグロの場合にどうなのかはよ

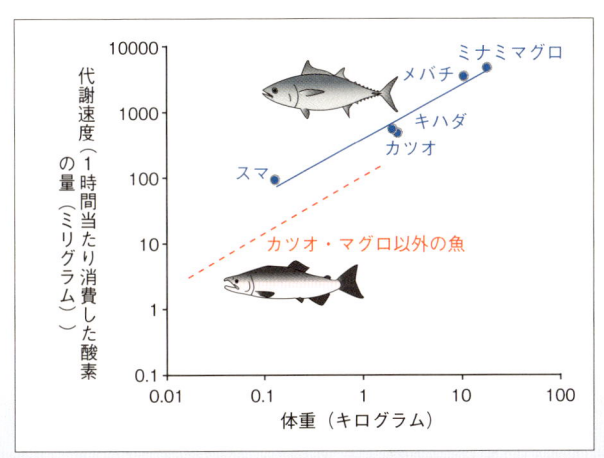

図3-3 ゆったり遊泳速度で泳いでいるときの酸素消費量（代謝速度）
縦・横じくともに対数目盛になっていることに注意。カツオ・マグロの代謝速度はほかの魚よりもずっと高い

くわかっていない。しかし、この中ではミナミマグロの場合だけは体重20キログラムくらいの少し大きな魚を使った実験で求められたものだ。

酸素の取りこみはとても多い

はしがきに書いたように、水の中には空気中の1/30くらいの酸素しか溶けこんでいない。これは溶存酸素と呼ばれている。だから水の中に住む動物は酸素を手に入れるのが大変なのだ。みんなは普段呼吸が大変だなんて思わないだろう。高い山に登ったときとか、走ったり、泳いだりするときだけ、息をするのが大変だと感ずるだろう。空気の中には20％もの酸素が含まれているのだ。

陸上と比べて、水の中の動物は息をするのが大変だ。運動が活発な魚はよりたくさんの酸素を血液に取りこむ必要がある。魚はエラの表面でこの溶存酸素を吸収し、血液中に取りこむのだ。だから、

もっと知りたい！

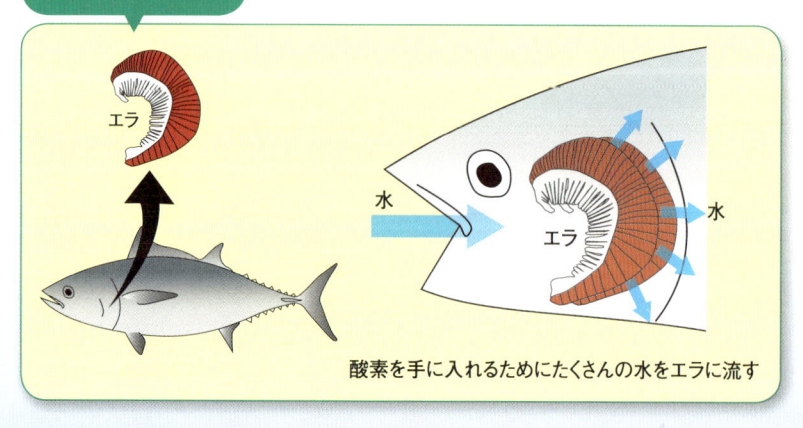

酸素を手に入れるためにたくさんの水をエラに流す

もっと知りたい！海の生きものシリーズ

最先端の海洋生物の研究をオールカラーで詳しく図解・紹介

中高生に向けた「専門書」への出会いの第一歩！テーマを決めて各巻わかりやすく解説

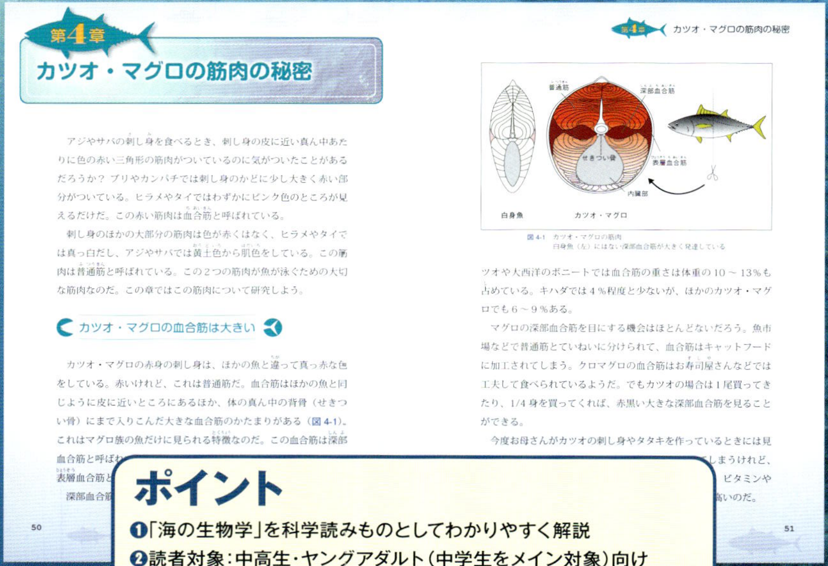

ポイント

1. 「海の生物学」を科学読みものとしてわかりやすく解説
2. 読者対象：中高生・ヤングアダルト（中学生をメイン対象）向け
3. オールカラーで写真や図版を豊富に使い、ビジュアル的にも充実
4. 小学校で習う漢字以外にはルビあり
5. 専門の研究者が最先端の研究成果を具体的に平易なかたちで紹介

さらに詳しく知りたい方には…

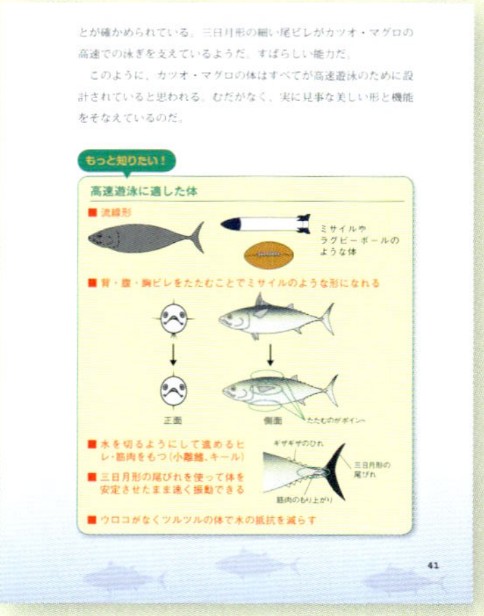

中学校の理科の学習範囲で習わない分野について、「もっと知りたい」でわかりやすくていねいに解説。

第1期 → 2012年6月刊行予定

さんぱる鋭い点んパこ
定価1,890円
阿部宏喜 著

カツオ・マグロは究極の魚？そして、カツオとマグロはどう違うのか。魚の王者といわれるその驚きの能力のすべてが明らかになる。人間でいえば、100メートルとマラソンの金メダルになれてしまうほどすばらしい遊泳能力のひみつが明らかに！

定価1,785円
桑村哲生 著

きれいなサンゴ礁のなかで、ひときわユニークな顔で泳ぐブダイたち。その顔にかくされた歯とサンゴの意外な関係とは？はたまたカラフルなブダイたちがいきなり様変わり、性が変化するめずらしい魚のすがたを野外調査によるカラー写真でくわしく紹介。

目も口もない奇妙な動物
定価1,890円
三浦知之 著

鹿児島湾の海底で見つかったロも肛門もないサツマハオリムシというチューブワーム。本来なら深海底にいるはずの生物がなぜ浅い湾で育つのか。実際の調査や生物の常識をくつがえしたエネルギーの獲得方法を解説。その飼育に挑む水族館のすがたも必読必見。

第2期以降→2012年12月から順次刊行

- 「意外と知らないイワシのすがた」(渡邊良朗 著)
- 「海がきらいなキンギョのはなし」(金子豊二 著)
- 「空と海を泳ぐ海鳥」(綿貫豊 著)
- 「低酸素で生活する生きものたち」(阿部宏喜 著)
- 「磯の王者"あわび"」(河村知彦 著)
- 「ヤドカリの貝殻」(武田正倫 著)
- 「海の植物：アマモ」(前川行幸 著)
- 「サケの不思議」(帰山雅秀 著)
- 「ヒラメ・カレイの表裏」(山下洋 著)

もっと知りたい!! 海の生きものシリーズ
第1期（2012年6月下旬刊行予定）

① **カツオ・マグロのスーパーパワー**　　冊
   ISBN978-4-7699-1260-6　定価1,890円

② **サンゴ礁を彩るブダイ**　　冊
   ISBN978-4-7699-1276-7　定価1,785円

③ **サツマハオリムシってどんな生きもの？**　　冊
   ISBN978-4-7699-1277-4　定価1,890円

＊今後の続刊予定につきましては刊行未定です。予約は受け付けていませんが今後の情報をご確認下さい。

当社書籍は全国の書店からお取り寄せできます。下記注文票にて必要事項をご記入のうえ、最寄りの書店にお申し込みください。また、直接当社宛にてご注文の場合、FAXまたは郵便にて当社まてお送りいただくか、当社ホームページからご注文願います。ただし、直接の場合1回につき送料420円がかかります。お買い上げ合計金額税抜き10000円以上(メルマガ会員は5000円)以上の場合、送料無料です。

----（キリトリ線）----

ご住所 〒	取扱店
TEL	
お名前	**恒星社厚生閣**

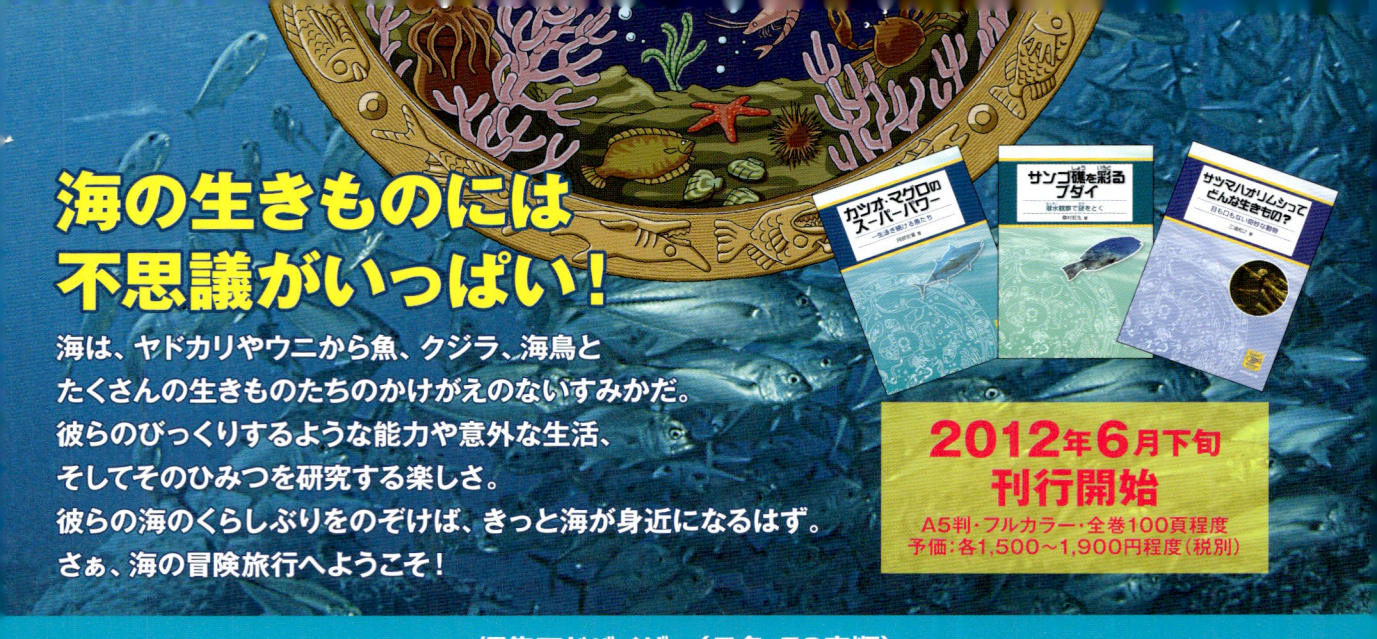

海の生きものには不思議がいっぱい！

海は、ヤドカリやウニから魚、クジラ、海鳥とたくさんの生きものたちがいるすみかだ。
彼らのびっくりするような能力や意外な生活。
そしてそのひみつを研究する楽しさ。
彼らの海のくらしぶりをのぞけば、きっと海が身近になるはず。
さあ、海の冒険旅行へようこそ！

編集アドバイザー（7名：50音順）

阿部宏喜（東京大学名誉教授）・天野秀臣（三重大学名誉教授）・金子豊二（東京大学）・河村知彦（東京大学）・佐々木剛（東京海洋大学）・武田正倫（国立科学博物館名誉研究員）・東海正（東京海洋大学）

刊行予定

2012年6月第1期（3点刊行予定）、2012年12月第2期（2～3点刊行予定）、以降年に4～5点の予定で順次刊行

2012年6月下旬 刊行開始

A5判・フルカラー・全巻100頁程度
予価：各1,500～1,900円程度（税別）

恒星社厚生閣　〒160-0008　東京都新宿区三栄町8　TEL 03-3359-7371 ／ FAX 03-3359-7375

第3章 カツオ・マグロの体の秘密

エラの表面の酸素を吸収する能力が大切になる。

前に説明したように、カツオ・マグロは口を半分開いたまま泳ぎ、口から入る水をエラに自然に流す。この方法はラム換水(かんすい)と呼ばれている。カツオ・マグロ以外の魚でも、ブリなどはゆっくり泳ぐときにはエラぶたをパクパクやって水を取りこんでいても、高速で泳ぐときにはこのラム換水に切りかえることがわかっている。

ラム換水によるマグロの水の取りこみ量はとても多く、体重1キログラムあたり1分間に3〜6リットルとされている。ニジマスなどの10倍だ（図3-4）。たくさんの水をエラに流すのが、たくさんの酸素を手に入れる一つの方法なのだ。そのためにはカツオ・マグロは速く泳がなくてはならない。

カツオ・マグロのエラの表面積はとても広く、ニジマスの7〜9倍にもなる。水にふれる面積を増やすのが、酸素をたくさん吸収す

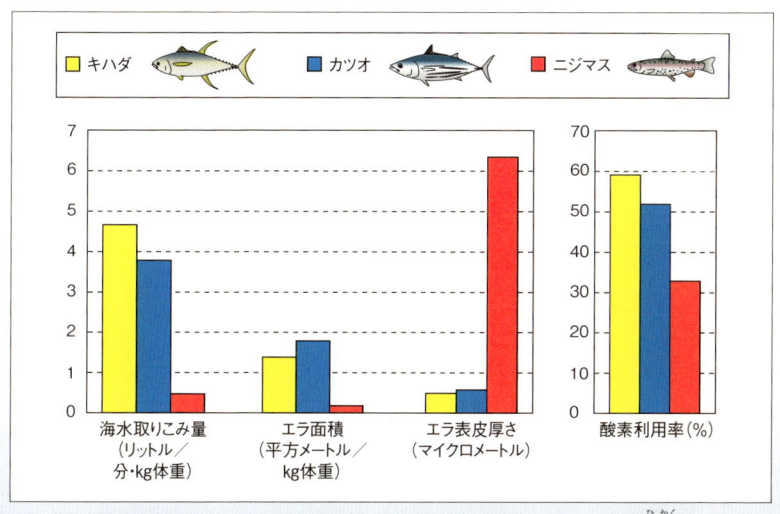

図3-4 カツオ・マグロとニジマスのエラによる酸素の取りこみの比較(ひかく)
マイクロメートルは 0.000001 メートル

47

る第2の方法なのだ。さらに、カツオ・マグロのエラの表面の膜はとても薄くできていて、ニジマスの1/10ほどしかない。膜が薄いから酸素は膜を通過しやすいのだ。

　魚のエラを見たことがあるだろうか？　アジでも何でも魚が1尾いたらエラぶたをめくってエラを見てほしい。エラは毛細血管がびっしり分布し血液が十分供給されているため、真っ赤でとてもきれいだ。魚が新鮮なほどエラは赤くきれいに見える。だから、エラを見ればその魚の鮮度がわかる。

　こんなふうに、カツオ・マグロのエラでの酸素の取りこみはとても効率がよく、エラを通過する酸素の50～60％が利用されると考えられている。90％と計算している研究もあるくらいだ。これはニジマスでは30％程度にすぎない（図3-4）。このように、もともと少ない水中の酸素をうまく利用する点では、カツオ・マグロは優等生だといえるだろう。

もっと知りたい！

酸素を取りこむ3つのポイント

できるだけ大量の水をエラに流す	→	酸素を吸収するチャンスを増やす
エラの面積を大きくする	→	水にふれる面積を増やす
エラの表面の膜を薄くする	→	酸素を通過させやすくする

カツオ・マグロの心臓はとても大きい

　次は心臓だ。心臓は血液を送り出し、全身に酸素を供給する役目

第3章　カツオ・マグロの体の秘密

を果たしている。カツオ・マグロの心臓はほかの魚に比べてとても大きいのが特徴だ。静岡県の焼津市ではカツオやマグロの心臓を焼き鳥のようにくし焼きにしてよく食べている。これは"へそ"と呼ばれている（図3-5）。みんなはあまり好きではないかもしれないけれど、ちょうど焼き鳥のレバーのような味だ。レバーのように見える部分は心室で、血液に圧力をかけて押し出すポンプだ。

図3-5　カツオの心臓（へそ）料理

　その前の白い部分は動脈球と呼ばれ、心室から押し出された血液を一時ためてふくらみ、そのあとの血液の流れをスムースにしている（図3-6）。へそ焼きにはついていないけれど、心室の前には心房があり、全身からくる静脈血を集めている。

　私たち人間の心臓には2つの心室と2つの心房があるけれど、魚の心臓は1心房1心室でできている（図3-6）。心臓から押し出された血液はエラに送られて酸素を受け取り、全身に酸素を配給するのだ。

　心臓が大きいということは、1回のドックンという拍動で送る血

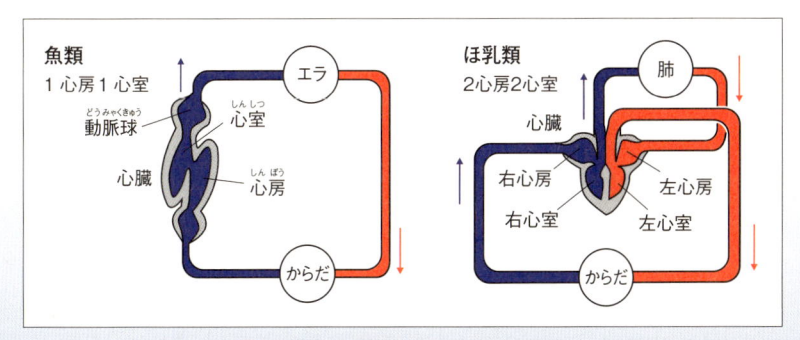

図3-6　魚とほ乳類の心臓と血液の流れ

49

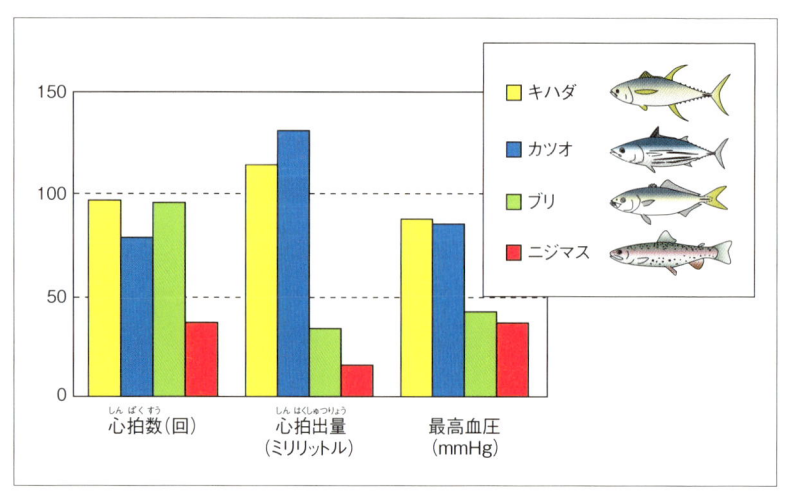

図 3-7　カツオ・マグロとほかの魚の心臓の能力
心拍数と心拍出量はそれぞれ 1 分当たりの数値

> **もっと知りたい！**
>
> **取り入れた酸素を全身に
> うまく送るポイント**
> ① 大きな心臓
> ② 大きな心拍出量
> ③ 高い血圧

液が多いということだ。1 分間の拍動数（心拍数という、脈拍と同じ）はカツオ・マグロとブリとで差はないけれど、送る量（心拍出量という）が多い（図 3-7）。カツオの体重 1 キログラム当たり 1 分間の最大心拍出量は 100 ミリリットル以上で、ほかの魚の 4〜7 倍はある。たくさんの血液が送られるので、カツオ・マグロは血圧（血が血管を押す圧力）も高く、ほかの魚の 2 倍以上だ。人間にも近いくらいの血圧なのだ。

このように、カツオ・マグロのエラも心臓も、ほかの魚と比べてとても性能がよく、速い代謝速度を支えている。こんな魚はほかには見あたらない。

第4章 カツオ・マグロの筋肉の秘密

　アジやサバの刺し身を食べるとき、刺し身の皮に近い真ん中あたりに色の赤い三角形の筋肉がついているのに気がついたことがあるだろうか？ ブリやカンパチでは刺し身のかどに少し大きく赤い部分がついている。ヒラメやタイではわずかにピンク色のところが見えるだけだ。この赤い筋肉は血合筋と呼ばれている。

　刺し身のほかの大部分の筋肉は色が赤くはなく、ヒラメやタイでは真っ白だし、アジやサバでは黄土色から肌色をしている。この筋肉は普通筋と呼ばれている。この2つの筋肉が魚が泳ぐための大切な筋肉なのだ。この章ではこの筋肉について研究しよう。

カツオ・マグロの血合筋は大きい

　カツオ・マグロの赤身の刺し身は、ほかの魚と違って真っ赤な色をしている。赤いけれど、これは普通筋だ。血合筋はほかの魚と同じように皮に近いところにあるほか、体の真ん中の背骨（せきつい骨）にまで入りこんだ大きな血合筋のかたまりがある（図4-1）。これはマグロ族の魚だけに見られる特徴なのだ。この血合筋は深部血合筋と呼ばれている。一方、どの魚にもある皮の近くの血合筋は表層血合筋と呼ばれる。

　深部血合筋がカツオ・マグロの遊泳能力の秘密兵器だ。ソウダガ

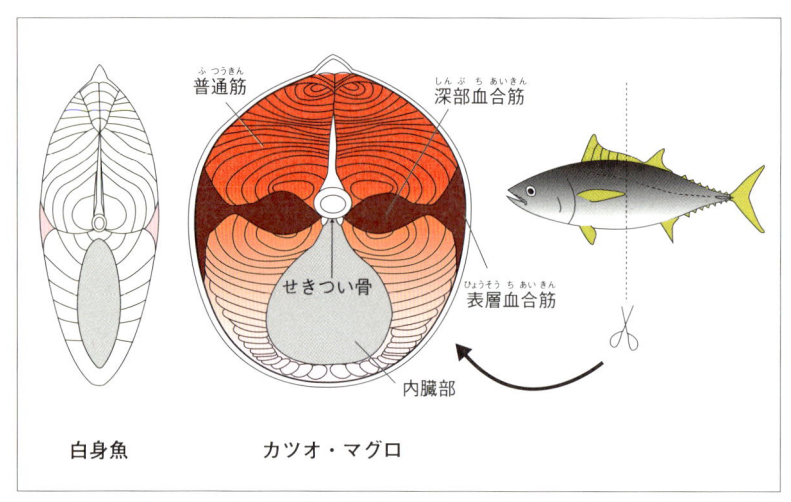

図 4-1　カツオ・マグロの筋肉
　　　　白身魚（左）にはない深部血合筋が大きく発達している

ツオや大西洋のボニートでは血合筋の重さは体重の10〜13％も占めている。キハダでは4％程度と少ないが、ほかのカツオ・マグロでも6〜9％ある。

　マグロの深部血合筋を目にする機会はほとんどないだろう。魚市場などで普通筋とていねいに分けられて、血合筋はキャットフードに加工されてしまう。クロマグロの血合筋はお寿司屋さんなどでは工夫して食べられているようだ。でもカツオの場合は1尾買ってきたり、1/4身を買ってくれば、赤黒い大きな深部血合筋を見ることができる。

　今度お母さんがカツオの刺し身やタタキを作っているときには見せてもらおう。少し生ぐさいので普通は捨てられてしまうけれど、ショウガとネギで甘からく煮ればおいしく食べられる。ビタミンやミネラルが多いので、血合筋は普通筋よりも栄養価が高いのだ。

第4章 カツオ・マグロの筋肉の秘密

普通筋と血合筋の違いは？

　普通筋と血合筋はどう違うのだろうか？　図4-2に普通筋と血合筋の特徴をほ乳動物の筋肉と比べて示してある。ほ乳類の筋肉は1型、2a型および2b型の3タイプに分けられている。この分け方は筋肉の収縮の速さの問題だ。1型は収縮が遅く、2b型はとても速い。2a型はその中間だ。それで、専門用語では1型は遅筋、2型は速筋と呼ばれている。

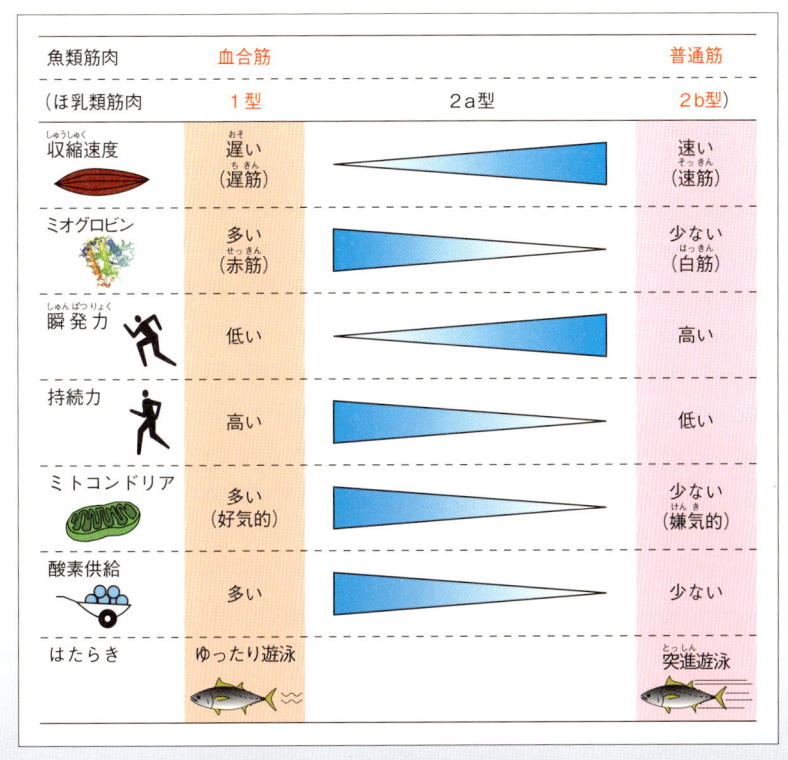

魚類筋肉	血合筋		普通筋
(ほ乳類筋肉)	1型	2a型	2b型
収縮速度	遅い（遅筋）		速い（速筋）
ミオグロビン	多い（赤筋）		少ない（白筋）
瞬発力	低い		高い
持続力	高い		低い
ミトコンドリア	多い（好気的）		少ない（嫌気的）
酸素供給	多い		少ない
はたらき	ゆったり遊泳		突進遊泳

図4-2　魚とほ乳類の筋肉の種類と特徴

ほ乳類の1型筋肉は魚の血合筋に相当する。また、普通筋はほ乳類の2b型だ。2a型は魚ではわずかしかないのであまり問題にはされない。

　私たちの血管を流れている血は赤い。この赤いのはヘモグロビンという血液中の色素(しきそ)タンパク質だ。聞いたことがあるかもしれない。ところが、カツオ・マグロの赤身や牛肉の赤い色はヘモグロビンも少しはあるけれど、大部分はミオグロビンという筋肉中の色素タンパク質なのだ。ミオというのは筋肉という意味だ。

　ヘモグロビンは赤血球の中にあり、酸素を捕(つか)まえてそれを体のすみずみまで運ぶ働きをしている。ミオグロビンは筋肉でその酸素をヘモグロビンから受け取って、しばらく筋肉にたくわえておく役割をしている。だから、赤い色の濃(こ)い筋肉には酸素がたくさんたくわえてあることになる。

　クジラやイルカの筋肉もとっても赤黒い色をしている。これは筋肉にたくさん酸素をためこんで長い時間海に潜(もぐ)るためなのだ。

　このミオグロビンが多いか少ないかにより、1型つまり血合筋は赤筋、2b型は白筋と呼ばれる。カツオ・マグロの普通筋は真っ赤だけれど、ほ乳類の筋肉との比較では白筋になってしまうのだ。
接近(せっきん)　発筋(はっきん)

　図4-2に見られるように、普通筋すなわち白筋は収縮は速く、瞬(しゅん)発力(ぱつりょく)には優れている。でも持続力には劣(おと)る。つまり、すぐ疲れてしまう筋肉だ。それに対して、血合筋すなわち赤筋は収縮は遅いものの、持続力があり、そう簡単には疲れない筋肉といえる。

　次にミトコンドリアというのは細胞(さいぼう)の中の小さなつぶのような器官で、詳しい構造は電子顕微鏡(でんしけんびきょう)でしか見ることができない。ミトコ

第4章 カツオ・マグロの筋肉の秘密

ンドリアは酸素を取りこんでエネルギーの源（みなもと）であるATPをたくさん生産する細胞の中の発電所のようなものだ。

血合筋にはそのミトコンドリアが多く、酸素をたくさん受け取って、とても好気的（こうきてき）な筋肉だ。好気的というのは酸素が十分あることを示している。逆に、普通筋はミトコンドリアが少なく、毛細血管（もうさいけっかん）もあまり多くなく、酸素は十分には行きわたらない嫌気的（けんきてき）な筋肉だ。嫌気的とは好気的の反対で、酸素が少ないことを示す。

このようなことから、血合筋すなわち赤筋は日常的な軽い運動のときに働き、普通筋すなわち白筋は緊急時（きんきゅうじ）あるいは激しい運動のときに用いられる筋肉なのだ。つまり、カツオ・マグロがゆったり遊泳速度で泳いでいるときには実に血合筋のみが働いている。あの大量にある赤身の普通筋は働いていないのだ。

一方、エサを追いかけたり、敵から逃（に）げるような突進（とっしん）遊泳のときには普通筋が最大限に働く。普通のときには使われていないのに普通筋というのもおかしいが、タイやヒラメなどのあまり運動が活発ではない魚では普段の泳ぎにも普通筋を使っているらしい。

もっと知りたい！

血合筋・普通筋のポイント

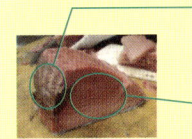

血合筋
長所：持続力がある疲れない筋肉
短所：瞬発力がない
→ 日常的な軽い運動

普通筋
長所：瞬発力に優れる
短所：持続力に劣り疲れやすい
→ 緊急時 激しい運動

魚ではこのように普通筋と血合筋ははっきり分かれて体の中に存在している。白筋と赤筋がはっきり分かれている動物は、ほかに鳥類やシカ、ウサギなどがいる。ニワトリは胸の肉が白筋で、なかでもササミと呼ばれる胸の小さな筋肉はとても色が白い。モモの肉は赤筋だ。だから、ニワトリは鳥のくせに歩くのが普通の動作で、飛ぶのは緊急時だけだといえる。でも渡り鳥なんかはニワトリやシチメンチョウとは違って、翼を動かすための胸の筋肉が赤筋で、長距離の渡りに使われているのだ。実にうまく使い分けるように進化してきている。

ほ乳類の筋肉はどうなんだろう？

　私たちを含めて大部分のほ乳類の場合には、赤筋と白筋は場所が分かれていない。同じ筋肉に赤筋と白筋の線維（衣服の繊維と区別するためにこの"線"の字が使われる）が一緒に存在している。筋肉によってその割合は違っているようだ。たとえばふくらはぎの深い部分にあるヒラメ筋では赤筋線維の方が多く、体を支えるのに使われている。ところが、ふくらはぎの浅いところにあるひふく筋では白筋線維が多く、すばやく激しい運動のために働いている。多くの筋肉では赤筋線維と白筋線維はほぼ同じくらいの割合で存在しているようだ。

　人間ではトレーニングにより白筋線維か赤筋線維が発達して割合が変化することが知られている。マラソンやジョギングあるいはエアロビクスなどの好気的運動（有酸素運動ともいわれる）のトレー

第4章　カツオ・マグロの筋肉の秘密

ニングをすると赤筋線維がよく働いて発達するのだ。また、100〜400メートルの短距離走や重量挙げなどの運動では嫌気的な白筋線維がよく使われる。このような激しい運動では白筋線維がきたえられて発達するのだ。みんなの筋肉ではどうだろうか。運動トレーニングをしていなければ、白筋と赤筋の線維はほぼ同じくらいらしい。

　白筋と赤筋は主として用いるエネルギー源も違っている。白筋では筋肉にためこまれたグリコーゲンという炭水化物がエネルギー源となる。ところが赤筋では脂肪組織にためこまれた脂肪が主なエネルギー源だ。これは魚でもほ乳類でも変わらない。

　だから、皮下脂肪を減らしたり、おなかのまわりの脂肪をなくすには、ゆるやかなエアロビクスやジョギングのような好気的運動を長い時間続けると効果的だといわれている。太りぎみだったら試してみるといいだろう。

カツオ・マグロの遊泳と筋肉

　そんなことで、魚の普通筋は白筋で、血合筋は赤筋だということがわかってもらえただろうか？　前に書いたように、カツオ・マグロは卵から孵化してから死ぬまで、一生泳ぎ続けなければならない。それがかれらの運命なのだ。このように、カツオ・マグロがゆるやかなゆったり遊泳速度で泳いでいるときには、好気的な血合筋のみが働いている。普通筋に比べて量は少ないものの、一生泳ぎ続けるために働くのは赤黒い血合筋なのだ。カツオ・マグロの血合筋の持続力はすばらしい。

水族館の大きな水槽(すいそう)でカツオ・マグロが泳いでいるのを見たことがあるだろうか？　あの滑(なめ)らかなかなりのスピードでの泳ぎがゆったり遊泳で、あの泳ぎは血合筋のみで支えられている。これはほかの動物には決して見られないカツオ・マグロのみのすばらしいスーパーパワーなのだ。

　ゆったり遊泳速度よりも速い速度になると普通筋も動きだす。エサを食べるのに興奮して夢中になって泳いだり、シャチから大急ぎで逃げ出すようなときには血合筋は働きが劣(おと)ろえる。最終的な突進遊泳では普通筋が主に働いているのだ。でも嫌気的な普通筋はすぐ疲れてしまうので、そう長くはもたない。陸上選手だって100メートル走のスピードでずっと走るなんて無理なことだ。普通筋はほんの数秒間ものすごい勢いで突進し、右に左に泳ぐためだけに使われる筋肉なのだ。このときは時速100キロメートルという高速道路の車なみのスピードで、しかも水中を泳いでいる。とても驚異(きょうい)的なパワーではないか。

　このように、カツオ・マグロは大きく発達させた深部血合筋をもつことで、一生泳ぎ続ける能力を身につけたのだ。また、すばやく逃げまわるエサのカタクチイワシを追いかけたり、サメやシャチに追われる緊急事態のときにうまく逃げのびるために、大きな普通筋をもつように進化してきたのだ。

　たとえてみれば、オリンピックの陸上競技で100メートルや200メートル走の金メダリストが、最終日にマラソンでまた金メダルを取るようなものなのだ。カツオ・マグロは長距離走と短距離走の両方のなみはずれた運動能力を身につけているのだ。

第5章 カツオ・マグロの運動能力の秘密

　カツオ・マグロのすばらしい遊泳能力は、体の形やエラや心臓のすばらしさによってのみなしとげられるわけではない。かれらのすばらしい遊泳能力はその筋肉、つまり血合筋と普通筋の、ほかの魚には見られない驚くべきパワーによって発揮されているのだ。この章では血合筋と普通筋のそれぞれの能力の秘密を探ってみよう。

カツオ・マグロ筋肉のミオグロビン

　カツオ・マグロが1〜4体長/秒のゆったり遊泳速度で一生泳ぎ続けるあいだ、体重のせいぜい10％にすぎない血合筋だけが働いていることを説明してきた。血合筋にはエラで効率よく吸収された酸素が、大きな心臓で押し出された血液によって運ばれる。血合筋はとても好気的な筋肉だ。

　動物が好気的に運動するパワーは、まず筋肉にどれだけ酸素が運ばれ、どのくらいたくさんの酸素を筋肉にためこめるかにかかっている。また、酸素を使ってどれだけ速くエネルギー源となるATPを供給できるかも大切なのだ。

　このATPの供給は、前章に出てきた筋肉細胞の中にあるミトコンドリアと呼ばれる発電所のような小さな器官で行われている。そのため、ミトコンドリアがどのくらいたくさんあるかが、好気的運

動能力にはとても大切だ。

　酸素はヘモグロビンという血液の色素に結合して血液中を運ばれる。そのため、筋肉中にどのくらい毛細血管（もうさいけっかん）が広がっているのかも大切になる。タイやヒラメの血合筋にはあまり毛細血管が発達していない。それに対して、カツオ・マグロの血合筋には毛細血管が密集しており、その枝分かれも多い。そのため、かれらの血合筋には血液が十分行き届き、酸素が供給されている。

　この酸素をヘモグロビンから受け取って、筋肉に一時貯蔵しておくのがミオグロビンという筋肉色素タンパク質なのだ。このミオグロビンはカツオ・マグロの血合筋にはたくさん含（ふく）まれている。だから、かれらの血合筋はどす黒いといえるほど赤黒い色をしている。

　図 5-1 に魚の筋肉のミオグロビンの割合を示してある。マダイの真っ白な普通筋にはミオグロビンはとてもわずかしかないのだけれど、ピンク色の血合筋には普通筋の 100 倍近くのミオグロビンが含まれている。さらに、クロマグロ血合筋のミオグロビンはマダイ血合筋の 10 倍にもなる。血合筋のミオグロビンはカツオ・マグロでとても量が多いことがわかるだろう。

　カツオ・マグロの普通筋にはマダイの血合筋に近いほどのミオグ

> **もっと知りたい！**
>
> **筋肉に酸素を運び、ためこむ工夫**
>
> ・大きな心臓　　　　　　　⟶　たくさんの酸素を供給できる
> ・毛細血管が発達　　　　　⟶　筋肉の細部にまで十分に酸素を供給
> ・ミオグロビンが多いこと　⟶　酸素を筋肉にたくさん貯蔵できる

第5章　カツオ・マグロの運動能力の秘密

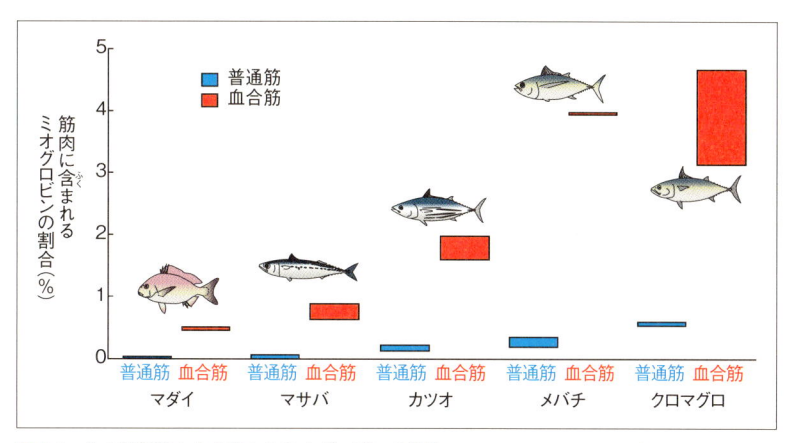

図 5-1　魚の普通筋と血合筋中のミオグロビンの割合
　　　　マダイは白身の魚、ほかは赤身の魚と呼ばれるが、赤身の魚でも種によりミオグロビン量には大きな差がある

ロビンがあり、真っ赤な色をしていて、酸素をたくさん貯蔵できることがわかる。ミオグロビンはヘモグロビンと同じように真っ赤な色をしており、ミオグロビンが多いほど筋肉は赤い色が濃くなるのだ。クロマグロ普通筋のミオグロビンは牛肉のミオグロビンの量と同じくらいある。

　牛肉のステーキは好きな人が多いだろう。血のしたたるようなステーキというけれど、あの赤い色は血、つまりヘモグロビンではなく、ほとんどがミオグロビンだ。また、クロマグロ血合筋のミオグロビンはクジラやイルカの筋肉のミオグロビンの量と同じくらいか、少し少ない程度だ。クジラの肉を食べたことがあるだろうか？　マグロの血合筋はクジラ肉（図 5-2）のように、どす黒い色をしているのだ。

図 5-2　クジラ肉
　　　　(有)井上海産物提供

61

ミトコンドリアってなに？

　次は、ATPを作る工場のミトコンドリアだ。図 5-3 にはいくらかの動物の好気的な筋肉について、ミトコンドリアの占めるパーセントが示してある。ニワトリとは違って、ハトの胸の筋肉は赤筋なのだ。これはニジマスの血合筋と同じくらいミトコンドリアをたくさんもっている。昆虫が飛ぶための筋肉（飛しょう筋）もとても好気的な筋肉で、カツオ・マグロのエサになるカタクチイワシの血合筋と同じ程度のミトコンドリア量だ。残念ながら、カツオ・マグロの血合筋のミトコンドリアの記録はないけれど、カタクチイワシと同じくらいかそれ以上にミトコンドリアが豊富にあると思われる。

　ミトコンドリアにはミオグロビンから酸素がたくさん供給される。ミトコンドリアの中ではこのあとに説明する仕組みで、この酸素を使ってたくさんのATPが作られ、これがミトコンドリアから

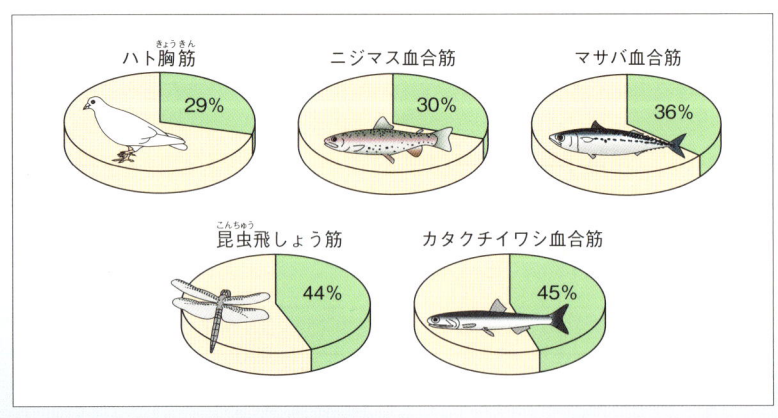

| ハト胸筋 29% | ニジマス血合筋 30% | マサバ血合筋 36% |
| 昆虫飛しょう筋 44% | カタクチイワシ血合筋 45% | |

図 5-3　動物の好気的筋肉に含まれるミトコンドリアの割合（緑）

第5章　カツオ・マグロの運動能力の秘密

外に出て、筋肉線維中で筋肉の収縮に使われることになる。だから、ミトコンドリアがたくさんあり、ミオグロビンがたくさんの酸素をたくわえていれば、それだけ筋肉の運動はパワーアップできるわけだ。カツオ・マグロの血合筋は、そういう意味で高いパワーをもった筋肉なのだ。

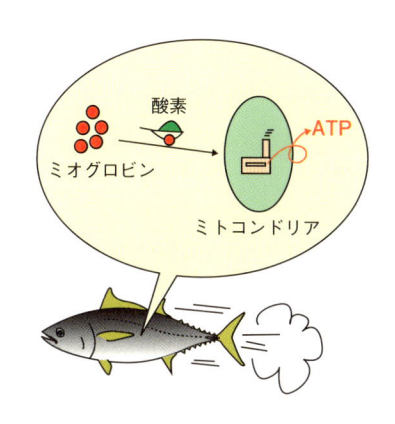

エネルギー源となるのはどんなもの？

　大人の人間の体はおよそ60兆個もの細胞でできている。この細胞の中でエネルギーとなるATPを作る仕組みは細菌から人間まで、すべての生物に共通だ。だから、その仕組みを理解すれば、私たち人間がたくさん食べて元気に運動できる仕組みもわかるし、カツオ・マグロが一生泳ぎ続けたり、時速100キロメートルで泳げる仕組みも理解できる。

　第3章で述べたように、細胞の中でATPを作る仕組みは代謝と呼ばれる。エネルギーを生みだすのでエネルギー代謝ともいわれる。細胞の中の代謝によってATPを作る元になる原料は、私たちが毎日食べている食物から得られる。

　お米や小麦などのデンプンや砂糖などはまとめて炭水化物あるいは糖質といわれる。それにサラダ油やマグロのトロや牛肉などの脂

肪そしてタンパク質だ。また、体内にためこんでいるグリコーゲンという炭水化物やおなかのまわりの脂肪もエネルギー源として利用できる。

　グリコーゲンは筋肉や肝臓にたくわえられていて、カツオ・マグロの筋肉にはほかの魚に比べて特にたくさんある。ニジマスの筋肉と比べてカツオ・マグロの普通筋には４倍ものグリコーゲンがたくわえられている。グリコーゲンは植物のデンプンと同じように、グルコース（別名、ブドウ糖）という簡単な炭水化物が何千、何万とつながった大きな形をしている（図5-4）。だから、グリコーゲンやデンプンはその元になるグルコースとして考えてもかまわないのだ。大きいとはいってもグリコーゲンは目では見えない。そのかたまりが電子顕微鏡で見られるくらいだ。

　脂肪は脂質とも呼ばれ、マグロの大トロには30％も含まれているし、牛肉などにもとても多い。ステーキにするサーロインという牛の腰の肉では40％以上が脂肪だ。あの真っ白な部分だ。これらは動物性脂肪で、サラダ油などの液体の植物性脂肪とは区別されるものの、基本的には同じものと考えてよい。

　特に、魚の脂肪にはEPAやDHAといわれる特殊な脂肪酸（脂肪の元になるもの）が含まれていて、とても健康にいいといわれている。DHAはマグロの目玉に特に多く、頭がよくなるといって魚屋さんがよく宣伝している。それは大げさだけれど、神経系の働きには必要な脂肪酸で、気持ちをしずめる作用もあるといわれている。

　タンパク質はカツオ・マグロの赤身肉に25％も含まれており、肉や魚、牛乳や卵の主要な栄養成分だ。植物でも大豆や豆腐など

第5章　カツオ・マグロの運動能力の秘密

グルコース（ブドウ糖）
グリコーゲンもデンプンもグルコースが何千、何万と結合したもの、デンプンには鎖状のものもある

図 5-4　グリコーゲン（動物）とデンプン（植物）の構造（一部分）

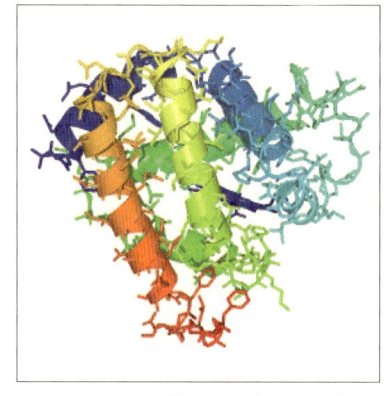

図 5-5　タンパク質（キハダのミオグロビン）の構造

の大豆加工品に多く、米やパンにも含まれている大切な栄養素でもある。

　タンパク質は 20 種類ほどのアミノ酸が数百から数千個つながってできている（図 5-5）。生物の体には数万種類ものタンパク質が存在し、それぞれ独特な形をもって、大切な働きをしている。生命はタンパク質の働きによって保たれているといってもいい。食物から摂取したタンパク質は胃や腸でアミノ酸にまで分解されて小腸から吸収される。その後筋肉などに運ばれ、また必要なタンパク質に合成される。これがタンパク質の最も大切な役割だ。しかし、かなりの部分は炭水化物や脂肪と同じようにエネルギー源としても利用されるらしい。

　このように、炭水化物、脂肪、タンパク質は三大栄養素（図 5-6）といわれ、動物が生きていくのになくてはならないもので、ATP の原料になるものだ。動物はこれらを食べ物から摂取しなくてはならないし、一部は緊急事態のために体内に貯蔵しておく必要

がある。

カツオ・マグロの筋肉にもグリコーゲンと脂肪はかなりたくさんあるが、普通筋にはグリコーゲンがためこまれ、血合筋には脂肪がたくわえられている。これらが筋肉運動のためのエネルギー源となるものだ。

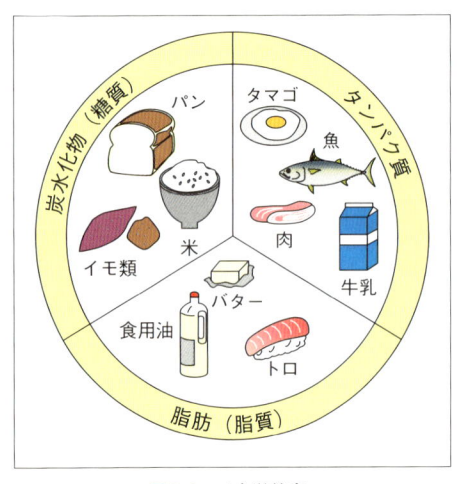

図 5-6　三大栄養素

筋肉で酸素なしにエネルギーを作る仕組み

　カツオ・マグロの短時間の突進遊泳のときは、嫌気的な普通筋がめいっぱいに働く。このとき普通筋に酸素はあまり供給されず、筋肉細胞の中では嫌気的にATPを作って、激しく収縮をくり返す普通筋に供給しなければならない。

　ATPを作るために最初に使われるのは、休んでいるときに普通筋にためこまれたクレアチンリン酸という物質だ。クレアチンリン酸はATPと同様にエネルギーの高い物質で、クレアチンリン酸からATPにエネルギーが渡される。こうしてできたATPがほんの数秒からせいぜい十数秒のあいだ、普通筋の運動を支えることになる。

　私たちの筋肉にもクレアチンリン酸はカツオ・マグロと同じ程度に存在し、みんなが学校に遅刻しそうだと懸命に走り出すと、最初

第5章　カツオ・マグロの運動能力の秘密

の数秒間から十数秒間だけ、必死の走りを支えてくれるのだ。50メートル走や100メートル走でも同じだ。短距離走は嫌気的運動だ。だから、スタートから最初の数秒間はクレアチンリン酸のエネルギーが使われると考えてよい。

　そのあとは筋肉にためこまれたグリコーゲンがエネルギー源になる。図5-7に示すのはグリコーゲンから嫌気的にATPができる仕組みだ。これは解糖経路と呼ばれている。水力発電によく似ている。この経路では酸素は必要がないし、使われていない。顕微鏡でしか見えない小さな細菌から人間まで全く同じ仕組みが使われているのだ。

　グリコーゲンから1個のグルコースが切りはなされ、この経路に入る。食物から取り入れたグルコースから始まっても経路に入れば同じことだ。この経路で次から次へと形を変えられていく。その途中でATPが作られる。

　ちょうど水力発電と同じだ。水力発電では海に向かって流れていく川の途中で大きく落下する水のエネルギーを電気エネルギーに変換している。解糖経路でもエネルギーが大きく低下する2カ所でATPを生成する。

　このように形が変えられるのを反応という。そしてこういう反応を起こさせるのは酵素というタンパク質だ。酵素がないと反応は起こらない。この経路では10種類以上の酵素が働いている。消化酵素というのは聞いたことがあるだろうか？

　砂糖つぼに砂糖を入れておいても、何年たっても砂糖は砂糖で変わりはない。でも私たちが砂糖を食べれば、おなかの中のスクラーゼという酵素によってたちまち反応が起こり、砂糖はフルクトース

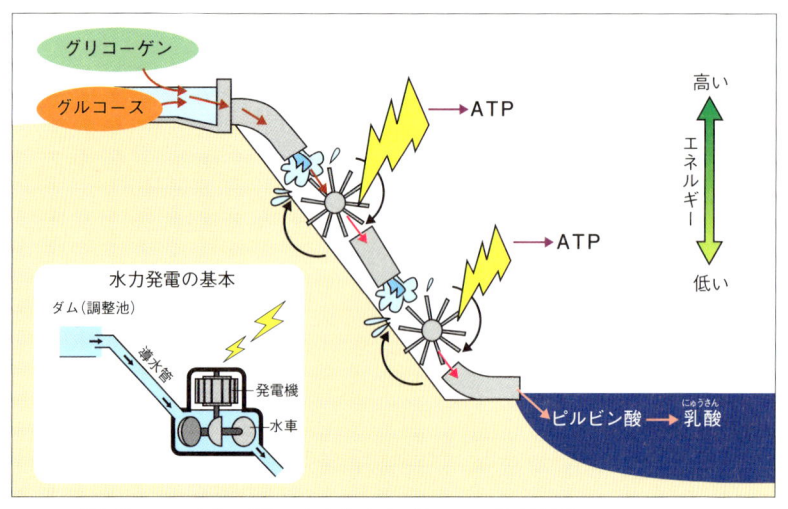

図 5-7　嫌気的に ATP を作る仕組みを水力発電に例えた図（解糖経路）
　　　　この仕組みは川の途中の水力発電所で電気を作るのと似ている。水力発電では高い所から落ちる水の大きなエネルギーで発電機をまわし、電気エネルギーに変えている。解糖経路ではエネルギーの高いグリコーゲンやグルコースからエネルギーの低い乳酸までの間に 2 カ所で ATP を生成する

（果糖）とグルコース（ブドウ糖）に分解される。フルクトースもグルコースの仲間だ。そしてこのグルコースは図 5-7 に示した解糖経路でさらに分解される。フルクトースも同じだ。

　むずかしいかも知れないが、この経路はみんなの体の中で毎日行われていることなのだ。グルコースもフルクトースも最後はピルビン酸から乳酸へと変化する。乳酸は解糖経路の最後の物質だ。

　乳酸は聞いたことがあると思う。ヨーグルトを作るのは乳酸菌だ。乳酸菌はまさにこの解糖経路によって牛乳のラクトース（甘くない砂糖の仲間）から乳酸を作り、牛乳を凝固させてヨーグルトを作るのだ。

　この経路でグリコーゲンやグルコースからできる ATP はごくわ

ずかだ。わずかではあっても、100メートル走の後半部やカツオ・マグロの突進遊泳のときにクレアチンリン酸がなくなれば、そのあとはこのATPを使って筋肉を収縮させているのだ。

また、乳酸菌はこのわずかなATPだけで、生きていくのに必要なすべてのエネルギーをまかない、ヨーグルトの中で生きているのだ。だから、乳酸菌にとって解糖経路は最も大切な代謝経路なのだ。

解糖経路によりATPを作って筋肉を運動させると、乳酸が筋肉中にたまってしまうことになる。乳酸は疲労物質とも呼ばれている。運動すると私たちはなぜ疲労するのかはむずかしい問題だ。でも、乳酸がたまったり、ほかにATPが使われるとできてくる水素イオンも同じようにたまってくる。水素イオンが増えると筋肉は酸性になる。そうすると疲れて動けなくなってしまう。

ヨーグルトでは、水素イオンは牛乳のpH（ドイツ語はペーハーで、酸性・アルカリ性の指標）を下げて酸性にし、牛乳のタンパク質を凝固させるものだ。筋肉中でも激しい運動により水素イオンが増えると酸性になり、酵素を働きにくくしてしまう。その結果、人間もマグロも動けなくなってしまう。酵素は働きやすいpHが決まっている。

そんな理由で、嫌気的運動は長くは続かない。すぐ疲れてしまうことになる。カツオ・マグロの突進遊泳が短時間しか続かないのはこのためだ。

私たち人間は乳酸が筋肉中に10ミリモル（濃度の単位）という単位でたまると疲れてしまう。急流をさかのぼるサケなどでは40ミリモルくらいまで耐えられるといわれている。ところが、カツオ・

マグロでは乳酸が100ミリモルたまってもがまんできるようで、カツオ・マグロは乳酸（疲労）の蓄積にとても強い。

　時速100キロメートルにおよぶカツオ・マグロの突進遊泳はこのような仕組みで作られたATPによって支えられている。また水素イオンや乳酸が筋肉中に蓄積するために短時間しかもたないのだ。

> **もっと知りたい！**
>
> **突進遊泳の仕組み**
> - **普通筋**が最大限に働く
> - 酸素を必要としない**嫌気的**な運動
> - **解糖経路**でエネルギー（ATP）を供給
> - エネルギー源：最初はクレアチンリン酸、次第にグリコーゲン、グルコースを使う
> - **乳酸**（疲労物質）や水素イオンがたまりやすい
> - **短時間**しか続かない（人間の短距離走と同じ）

ゆったり遊泳を支えるエネルギーを作る仕組み

　では一生泳ぎ続けられるゆったり遊泳では、どんな仕組みでATPが作られ、何時間でも疲れないで泳げるのだろうか。

　図5-8は好気的代謝経路でATPができて、これが運動に使われていく経路を蒸気機関車に例えて示したものだ。蒸気機関車がミトコンドリアと考えてほしい。この経路のエネルギー源となるのは、解糖経路の乳酸になる一つ前のピルビン酸（つまり、この場合はグリコーゲンやグルコースがエネルギー源）と脂肪を作っている脂肪酸だ。いずれも蒸気機関車の燃料の元となるものだ。

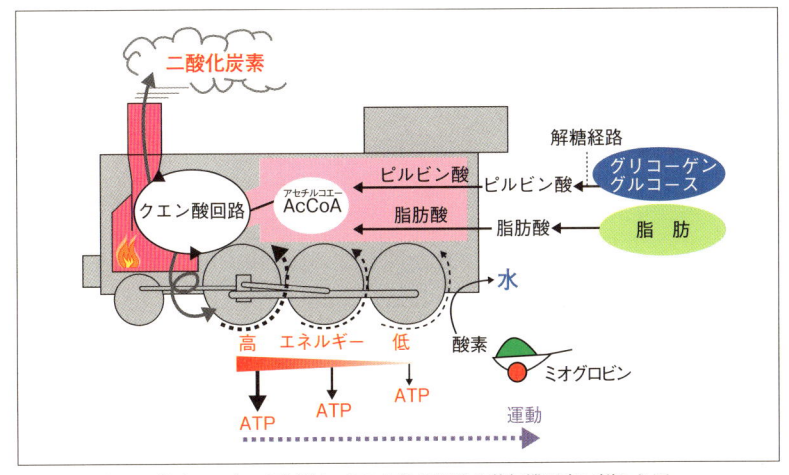

第5章　カツオ・マグロの運動能力の秘密

図5-8　ミトコンドリアの中で好気的にATPを作る経路を蒸気機関車に例えた図
燃料となるのはAcCoA（アセチルコエー）と呼ばれるものでグリコーゲン（グルコース）と脂肪から作られる共通の物質だ。AcCoAがクエン酸回路という釜の中で燃やされ、作られたエネルギーでATPを生成し、これが筋肉の運動（車輪の動き）に使われていく

　これらは蒸気機関車の釜（かま）の中でAcCoA（アセチルコエー）という共通の物質に変化する。これが好気的エネルギー代謝の出発物質、つまり蒸気機関車の燃料の石炭に相当するものだ。AcCoAはクエン酸回路という釜の中で燃やされ、二酸化炭素になり、これらは煙突（えんとつ）から煙（けむり）となってはき出される。

　このときに生じた高いエネルギーが次々と使われてATPを生みだし、これが車輪（つまり筋肉）を動かす運動に使われることになる。最後にミオグロビンから渡された酸素によって反応は止められ、酸素は水に変化する。最後に二酸化炭素と水になるということは火をつけて燃やすのと同じことだ。

　このような好気的にATPを作る経路は、これも細菌から人間まですべての生物に共通なものなのだ。

この経路は最終的に酸素がないと進まない。だから好気的代謝経路ということになり、好気的にたくさんのATPを生産するものなのだ。解糖経路ではわずかなATPしか作れなかったのと比べれば、好気的代謝の方がずっと有利だ。

　特に脂肪がエネルギー源になった場合は、グリコーゲンやグルコースの場合と比べてはるかに多くのATPが作られる。グルコースからは解糖経路では2個のATPしかできないけれど、好気的代謝では38個できる。でもパルミチン酸という脂肪酸からは130個ものATPが作られるのだ。脂肪の方が炭水化物よりATPを作る効率がとてもいいことがわかるだろう。

　もし、脂肪をたくわえずにエネルギーはすべてグリコーゲンで蓄積するとすれば、私たちの体重は今よりも3倍以上も重くなってしまうだろう。みんなのお父さんやお母さんのメタボの象徴（しょうちょう）のようにいわれる脂肪だけれど、この点では感謝しなくてはならない。

　このように好気的に脂肪が代謝されてATPが作られる場合には、乳酸や水素イオンはたまらず、脂肪があるかぎりいつまでも疲（つか）れず

> **もっと知りたい！**
>
> **ゆったり遊泳の仕組み**
> ・**血合筋**が働く
> ・酸素がないと動かない**好気的**な運動
> ・**クエン酸回路**
> ・エネルギー源：ピルビン酸（もとはグリコーゲン、グルコース）と脂肪
> ・**疲れずに運動**できる
> ・**長時間持続**（人間のジョギングと同じ）

に運動することが可能だ。血合筋には脂肪がたっぷりたくわえてある。だから、カツオ・マグロの血合筋を用いるゆったり遊泳は長時間続けても疲れることはなく、一生続けることができるのだ。もちろんエサをたくさん食べて、脂肪などのエネルギー源を補給しなければならない。

血合筋と普通筋のパワー

　嫌気的および好気的代謝を進めるのは前に出てきた酵素というタンパク質で、これがないと反応はちっとも進まない。たくさんの酵素がこれらの代謝経路の反応を進めるのに役立っている。このような働きをするものは反応の触媒と呼ばれ、自分自身は変化しないけれど、反応の速度をものすごくスピードアップするのだ。これらの酵素の働きが強ければ強いほど、ATP を作るスピードは速く、筋肉運動のためにより速く ATP を供給できることになる。

　これまでにカツオ・マグロの普通筋と血合筋について、解糖経路とクエン酸回路のいくつかの酵素の働きが調べられ、ほ乳類の同じ酵素と比べられてきた。その結果、解糖経路の主要な酵素の働きは、いずれも普通筋の方が血合筋よりもはるかに高いことがわかった。

　特に、解糖経路の最後のピルビン酸から乳酸を作る反応を触媒する酵素の働きは、血合筋よりも普通筋で 10 倍も高かった。またこの普通筋での働きは、これまで測定されたすべての動物筋肉の中で最も高かった。普通筋のその他の酵素もほ乳類と同程度か、より高い値だった。

血合筋中の解糖経路の酵素の働きは普通筋よりもずっと低いが、ほ乳類と比べると決して低くはなく、カツオ・マグロの血合筋は嫌気的な働きもかなり高いことがわかった。

　好気的代謝の酵素の働きを比較した結果から、カツオ・マグロの血合筋の好気的代謝の能力はほ乳類と変わらないと考えられている。また、普通筋もかなり好気的代謝能力が高いことがわかった。これは普通筋もあざやかな赤い色をしていて、ミオグロビンが多いことからもわかる。ほかの魚の普通筋とは明らかに違うのだ。

　このような酵素の働きから、カツオ・マグロの筋肉の好気的および嫌気的代謝能力はほ乳類と変わりがないか、それ以上に高いことが明らかになっている。特に、嫌気的運動能力はほ乳類よりも高いと考えていい。

　カツオ・マグロはその体型から酵素にいたるまで、まさにゆったり遊泳および突進遊泳の両方のために見事に作られているといってもいいだろう。特に、カツオ・マグロの嫌気的および好気的代謝のパワーはほ乳類に勝るとも劣らないといえる。そのパワーは強力なゆったり遊泳と突進遊泳を、筋肉の細胞の中から支えている。この章ではそのことだけ理解してもらえればいいと思う。

もっと知りたい！

カツオ・マグロのバランスのとれた血合筋と普通筋

- 疲労の蓄積に強い
- すぐれた普通筋（高い嫌気的能力と好気的にもすぐれた能力）をもつ
- 血合筋でも嫌気的な能力が高い
- ほ乳類なみの代謝能力、嫌気的な能力でいえばほ乳類より高い

第6章 カツオ・マグロの体温はほ乳類なみ？

　前の章で説明したように、カツオ・マグロは私たちほ乳類以上の運動能力と代謝能力をもっている。まさに、かれらは魚の中では最も進化していると考えていいだろう。でも、もう一つカツオ・マグロがほかの魚よりも優れている点がある。それはかれらの体温はまわりの水温よりもずっと高く保たれているということだ。

　私たちほ乳類と鳥類は体温を一定に保つ能力をもち、恒温動物と呼ばれていることは知っていると思う。魚も含めてそれ以外の動物はみな変温動物といわれる。かれらが住んでいる環境の温度が変われば、体温もそれにつれて変化するのが変温動物だ。

　ところが、カツオ・マグロなどのマグロ族の魚は環境水温よりも数℃から20℃も体の温度を高く保つことができる。魚の体温が高いなんて信じられないだろうけれど、これもカツオ・マグロのスーパーパワーの一つなのだ。そのメカニズムとかれらの生活における高体温の重要性を考えてみよう。

変温動物と環境温度

　恒温動物は体を温めるために、常にエネルギーを大量に消費している。そこまでして体温を一定に高く保つのはなぜなのだろうか？体温が低下すると、前の章で説明した代謝速度はいちじるしく遅

くなってしまう。すべての化学反応は温度が高い方が進み方が速い。体温が低下すればすべての反応速度は遅くなり、代謝が低下するため、動きもにぶくなるし、エサの消化も悪くなる。

そのため、動物園でよく見られるように、ワニやトカゲなどの変温動物はよくひなたぼっこをしている。体温を高めているのだ。エサが見つかったときにすばやく飛びかかるための準備だ。

チョウが夏の朝早く、木の葉の上でゆっくり羽を動かしているのを見たことがあるだろうか？ 羽を動かして筋肉を温め、飛び立つ準備をしているわけだ。変温動物にとっては環境の低温が最も問題なのだ。代謝が追いついていかずに体が動かせなくなってしまう。

魚は常に冷たい水の中に住んでいる。そして低温にとてもうまく合わせている魚もいる（適応という）。北の海に住んでいるタラや

もっと知りたい！

変温動物の弱点は低温環境

変温動物
低温の環境→体温が低下→代謝が低下 → 動けなくなる、エサが消化できない

恒温動物
環境の温度に左右されにくい
体温が高い→代謝も高い → 活発ですばやい運動、エサの消化もよい

第6章　カツオ・マグロの体温はほ乳類なみ？

ホッケやサケなどがその例だ。水の中にひなたぼっこをする場所などはない。かれらにはその必要はなく、冷たい水温と同じ体温で、一定の高い代謝速度を保つことができる。でもときどきは潮目という潮の境目の水温の少し高い方に集まっていたりする。釣りをする人のねらいめだ。

でも、第1章で説明したように、カツオ・マグロなどのマグロ族の魚はもともと熱帯性だ。だから低温は苦手だ。体がマヒして動けなくなってしまう。

最近、地球温暖化の影響で海水温が上昇し、関東や東北地方の海で南の海の熱帯魚が見つかったりする。テレビなどで報道されているけれど、聞いたことがあるだろうか？

つまり、水温が高くならないかぎり、カツオ・マグロなどのマグロ族は日本の近海にはやってこられないはずなのだ。でも、かれらは体温を高く保つように進化したため、冷たい津軽海峡にまではるばる回遊してくることができるようになった。その秘密を探ってみよう。

カツオ・マグロの体温

マグロ族の魚たちは体の中心部の深部血合筋の温度を環境水温よりも高く保つことができる。おもしろいことに、分類上はマグロとはとてもはなれているネズミザメ科のサメ類5種も、マグロ族と同じように体温を水温より高く保つことができる。

サメとエイは軟骨魚類といわれ、カツオ・マグロを含むその他の

すべての魚、すなわち硬骨魚類とは区別される。軟骨魚類は骨がやわらかいのだ。そんな遠くはなれた魚が同じように体温を高めているのは、とても興味がもたれることだ。その理由はまだわかっていない。

　図6-1にはクロマグロとアオザメの筋肉にサーミスターと呼ばれる小さい温度計を差しこんで測定した体温分布を示す。クロマグロの場合、水温が19.3℃に対して、血合筋の温度が31.4℃と測定されている。つまり、血合筋は水温よりも12.1℃も高い。また、熱は周囲に伝わっていくため、大部分の普通筋でも25℃以上を保っているから、カツオ・マグロの体の中心部の全体が高い温度に保たれている。

　みんなは寒い冬の朝、ふとんの中で丸まって眠っていたことがあると思う。また、寒いときにはつい背中を丸めてしまうだろう。できるだけ熱を体から逃がさないようにするには、まん丸になるのが

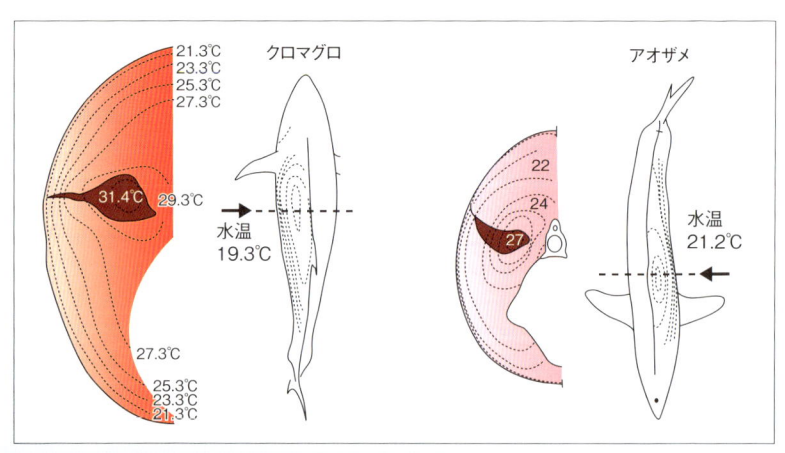

図6-1　クロマグロとアオザメ筋肉の温度分布
　　　　いずれも深部血合筋を中心に水温よりも高い体温を示す

第6章　カツオ・マグロの体温はほ乳類なみ？

一番いい。だから、リスやマーモットでもクマでも、冬眠するときにはまん丸に丸まっている。カツオ・マグロの体も真ん中へんは図4-1（52ページ）に示したように、輪切りにするとまん丸に近い。これは熱を逃がさないようにするためなんだ。

　カツオも水温より10℃くらい高い体温を保てるといわれる。第1章に書いたように、私がハワイのオアフ島でカツオ船に乗って、筋肉や血液などを採集させてもらったとき、筋肉がとても温かいのを感じた。そのときの水温は24℃くらいだったので、10℃高いとすると34℃、ほとんどほ乳類に近い体温だ。

　クロマグロでは水温よりも20℃も高い体温も記録されている。ほ乳類と鳥類以外の動物はすべて冷血動物などという古い考えはもう捨てよう。最近、カツオ・マグロは部分恒温動物といわれている。

　図6-1にはアオザメの体温も示されている。ネズミザメ科のサメ類には映画「ジョーズ」のモデルになった大型の人食いザメのホホジロザメや、アオザメ、ネズミザメ、おとなしいウバザメなどが含まれている。これらはみな体温が高い。図に示されたアオザメの例では、21.2℃の水温に対して血合筋の温度は27℃と6℃ほど高くなっている。ネズミザメ科のサメは種によって、5〜21℃も水温よりも高い体温を保つとされている。あの人食いザメの体温が高かったなんて、想像できただろうか？

高体温を保つメカニズム

　前の章で説明したように、私たち動物の体内では脂肪やグリコー

ゲンなどの燃料が代謝されてATPが作られ、これが運動やタンパク質の合成や体の成長、体温の保持など、あらゆる生命活動に使われていく。これらのすべての段階でATPのエネルギーは100％利用されるわけではなく、半分以上がむだになってしまう。むだになったエネルギーは熱として体から失われる。

たとえば、電球を点灯すれば電気のエネルギーが光のエネルギーに変わるけれど、電球はとても熱くなる。つまり、光になれずにむだになったエネルギーが熱として環境中に失われていく。私たち人間も常に100ワット電球ほどの熱を環境中に発散しているのだ。

このむだな熱エネルギーを環境中に捨ててしまい、環境の温度と体温がいつもほぼ同じになっているのが変温動物だ。この一部をためこみ、体温を調節する手段を手に入れた動物が恒温動物なのだ。

カツオ・マグロが血合筋の温度を高く保つメカニズムは、私たちほ乳動物の体温調節とは大きく異なることが知られている。でも、マグロ族は4000万年も前に、これから述べるすばらしい体温保持メカニズムを手に入れたものと考えられている。それは向流熱交換システムと呼ばれている。

魚の心臓から押し出された血液はエラに行って酸素を受け取る。このとき、水に接しているエラと血液の温度は同じになる。そのため、魚はこのエラにおける酸素呼吸により常に熱をうばわれ、エラから体の各部に行く動脈血の温度は環境水温と変わらない。

特に、前に説明したように、カツオ・マグロはエラ面積が広く、エラの皮が薄いため、すみやかに熱をうばわれてしまう。ところが筋肉、特に血合筋がたえず運動していると、むだになった熱エネル

第6章 カツオ・マグロの体温はほ乳類なみ？

ギーにより、筋肉から心臓に帰って行く静脈血は温められている。

つまり図6-2に示すように、マグロ族では、血合筋に入って行く動脈の枝と血合筋から出て行く静脈が細い血管となって向かい合って流れ、入り組んだ網目のようなネット構造を作っている。

その結果、動脈血はそこで静脈血に温められてから血合筋に入り、静脈血は逆に冷やされてから心臓に向かうことになる。そのため、血合筋は常に温められた状態を保つことができる。これは向き合って流れながら熱を交換するため、向流熱交換システムと呼ばれる。

このシステムは専門用語ではレーテ・ミラービルと呼ばれている。ラテン語でレーテは網すなわちネット、ミラービルは英語のミラクル、つまり"すばらしい"とか"ふしぎな"という意味なのだ。ふしぎなネット構造ということで、日本語では奇網と訳されている。

奇網は魚では眼や浮き袋にも存在する。しかし、それは熱交換の

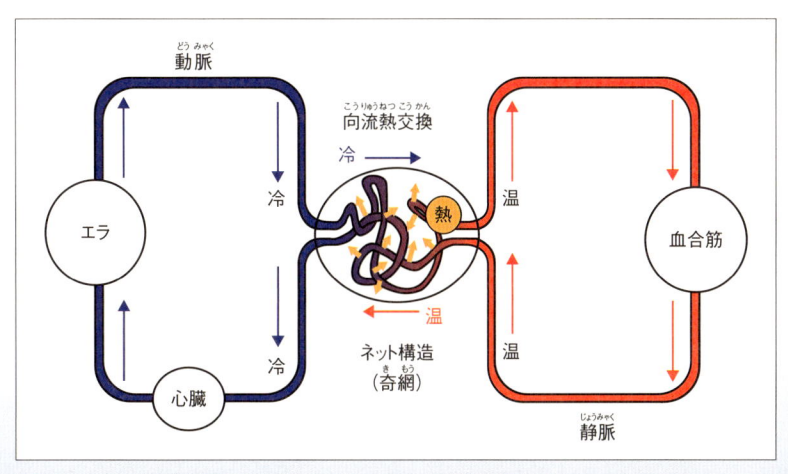

図6-2 マグロ族の血管系に見られるミラクルネット構造の模式図
　　　ネット構造では動脈と静脈の枝が互いに反対方向に並んでち密な網目構造になっており、熱が交換される

ためではなく、血液から酸素をすばやく、有効に供給するためのメカニズムになっているのだ。マグロ族の向流熱交換システムはこのような奇網の役割とは異なるため、以下ミラクルネットと呼ぶことにしよう。

このようなミラクルネットは体温の高いカツオ・マグロとアオザメなどのサメ類以外に、恒温動物にもあることが知られている。クジラやイルカ、あるいはアザラシなどの海産ほ乳類のヒレ足、ヒゲクジラの舌、あるいはツルなどの水鳥の足などにもあることがわかっている（図6-3）。

海産ほ乳類の体は厚い脂肪層でおおわれ、これが強力な断熱材になって体は保温されているものの、冷たい海水中では脂肪層のないヒレ足から熱をうばわれやすい。そこで、かれらはヒレ足にミラクルネットをもち、熱を逃がさないようにしている。また、ヒゲクジラはエサのオキアミなどを海水ごと口に入れ、口先にあるヒゲを通して海水を吐き出し、ヒゲにひっかかったエサを食べている。そのため舌の表面から熱をうばわれてしまう。そこで、かれらは舌にミラクルネットをもっているのだ。だからクジラは冷たい南氷洋でも生きていける。さらに、冬の氷の上でツルやカモなどの水鳥が体の中心部まで凍ってしまわないのは、ミラクルネットをもっているためなのだ。

このように、恒温動物

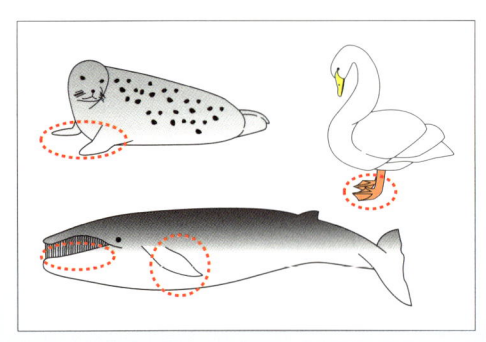

図6-3　ネット構造をもった動物たち

第6章　カツオ・マグロの体温はほ乳類なみ？

ではミラクルネットは体の末端で失われていく熱の回収に役だっている。でもマグロ族やアオザメなどでは体温の保持に中心的な役割をもっているのだ。次にはカツオ・マグロのミラクルネットを詳しく見てみよう。

カツオ・マグロの体温保持システム

　カツオ・マグロにミラクルネットが発達したのは、血合筋が体の真ん中に入りこんで深部血合筋ができてからのことだ。体の表面にあるよりは熱を失いにくくなったからなのだ。サバ亜科の魚の中ではハガツオで少し血合筋が内部に入りこんでいるけれど、深部血合筋ができるのはマグロ族のホソガツオ（アロツナス）からだ。そしてホソガツオに初めて原始的なミラクルネットが見つかっている。

　マグロ族のミラクルネットはすべて血合筋の周辺に見られる。そして、種によって3種類に分けることができる。その存在や大きさ、性能などは種によって違っているのだ。最も古い形のものはセントラルネット（中央のネット）と呼ばれ、ホソガツオにもそれらしい構造が見られる。

　図6-4はカツオのセントラルネットで、これはカツオやスマやソウダガツオでよく発達しているものだ。このネット構造はクロマグロをはじめとしてツナ亜属の仲間には失われている。

　図に見られるように、セントラルネットはせきつい骨のすぐ下にあり、エラから出てせきつい骨にそって走る太い動脈から分かれた枝が、血合筋から出て心臓に戻る静脈の枝ととても複雑に網の目の

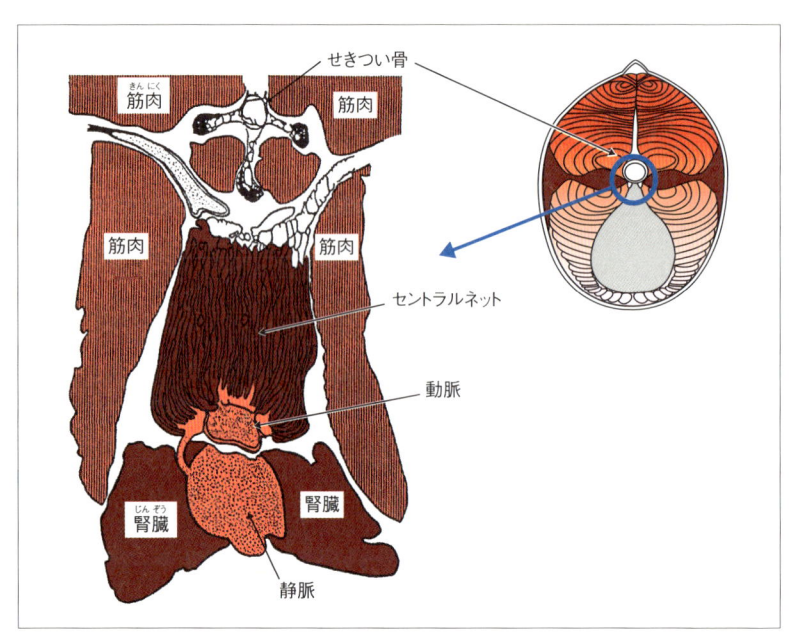

図6-4　カツオのせきつい骨のすぐ下に見られるセントラルネット構造

ように入り組んだネット構造を形成している。細い動脈と静脈が反対方向にぎっしりと並んだもので、見かけはほとんど血のかたまりだ。冷たい動脈血は温められて血合筋に入り、静脈血は冷やされて心臓に戻る仕組みなのだ。実にうまくできている。

　もう一つのミラクルネットはラテラル（体の横の）ネットと呼ばれる。ホソガツオ以外のすべてのマグロ族に見られるけれど、クロマグロやミナミマグロでよく発達しているネット構造だ。図6-5に示すように、ラテラルネットは血合筋を取りまくように、体の側面の動脈と静脈の枝がネット構造を作っている。

　最後のミラクルネットは内臓ネットで、ツナ亜属のマグロに特徴的なネット構造であり、カツオなどには見られない。このネット構

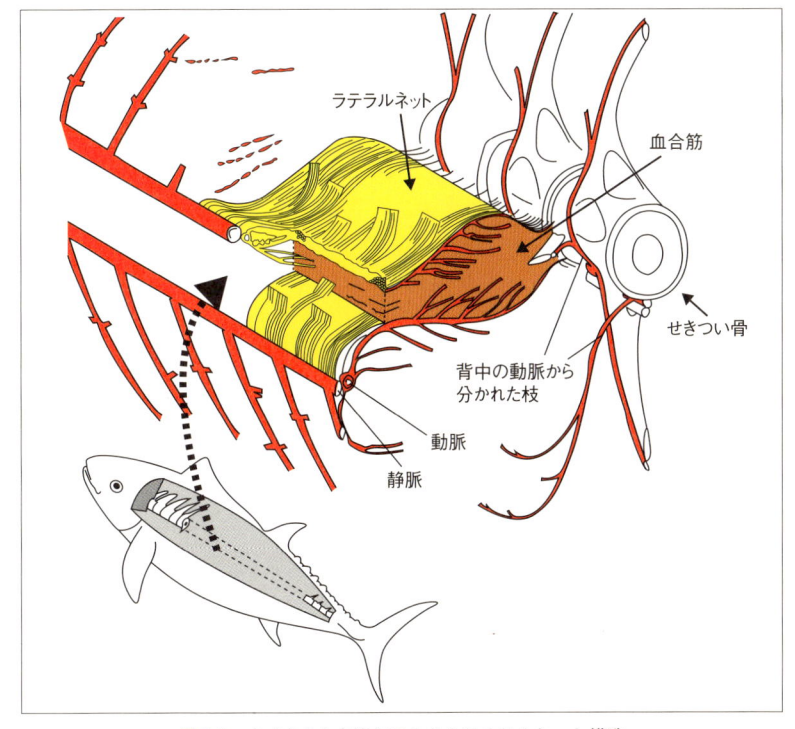

第6章　カツオ・マグロの体温はほ乳類なみ？

図6-5　メバチの血合筋を取りまくラテラルネット構造

造は内臓を温めるため、幽門垂（図 2-2：37 ページ）と呼ばれる魚に特有な消化酵素を作る器官を温め、エサを消化しやすくするといわれている。このミラクルネットは３つのネット構造のうち、最もあとから進化してきたものと考えられている。

　その他、カツオ、スマおよびマグロ属では、脳と眼を温めるミラクルネットもあることが知られているが、まだ研究が進んでいない。

　カジキ類は体を温めるネット構造はもたないが、脳と眼を温める特殊な構造があることがわかっていて、かなりよく研究されている。まだ今後おもしろい事実が明らかになることが期待できるだろう。

> もっと知りたい！

3つのミラクルネット

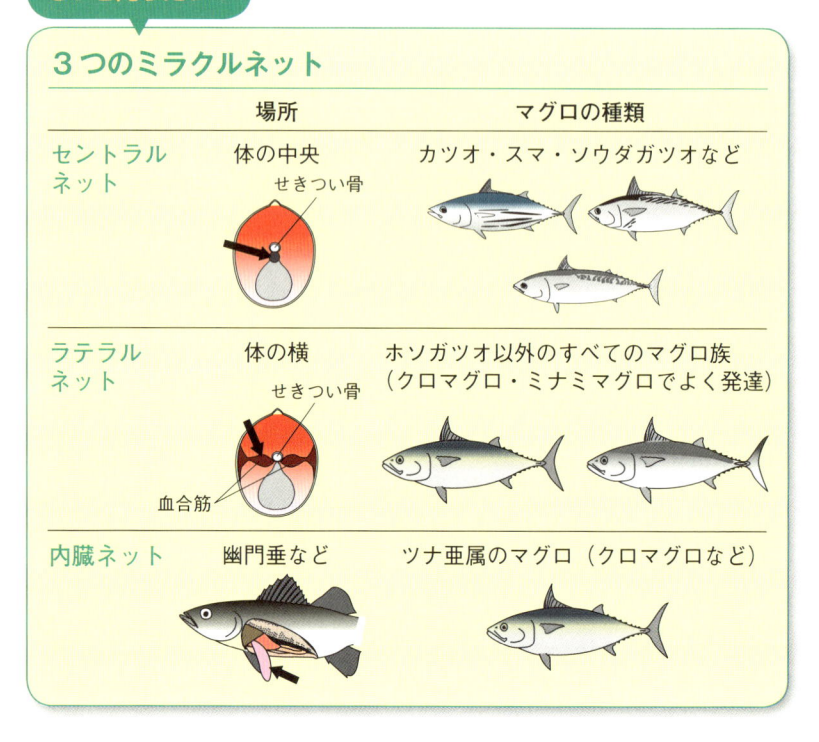

	場所	マグロの種類
セントラルネット	体の中央 せきつい骨	カツオ・スマ・ソウダガツオなど
ラテラルネット	体の横 せきつい骨 血合筋	ホソガツオ以外のすべてのマグロ族 （クロマグロ・ミナミマグロでよく発達）
内臓ネット	幽門垂など	ツナ亜属のマグロ（クロマグロなど）

体温を高める理由

　体温が高いとどんないいことがあるのだろうか？　参考になるのは私たちほ乳類だ。体温を高く、一定に保てるため、環境温度の変化に影響を受けず、高い代謝速度を保つことができる。もっともあまり寒いと凍傷になってしまうし、あまり暑いと熱中症になるのは避けられない。限度はあるのだ。体温が高く、代謝速度が速いために運動も活発だし、動きもすばやい。神経による信号の伝達も速い

第6章　カツオ・マグロの体温はほ乳類なみ？

ので刺激に対する反応も速いし、食べ物の消化、吸収も速い。そのため、かつては氷河期を乗りきるのも変温動物よりはずっと楽だったのだろう。

　カツオ・マグロは体温を高く保つことにより、このようなほ乳類の高体温の利益を受けることが可能だ。また、血合筋を温めるため、休みなく泳ぎ続けるためのパワーをアップし、泳ぎ続けることがずっと楽になるだろう。さらに、血合筋周辺の普通筋も高い温度になっているため、いざというときの瞬発力のアップも期待できる。

　しかし、カツオ・マグロは体温が高いから突進遊泳速度が速いのだろうか？　どうもそうではなさそうだ。「温かければ速い」とはいえないようだ。深部血合筋をもたず、体温も高くないカジキやカマスサワラも、カツオ・マグロと同じように速く泳げるからだ。この点はもう少し魚の遊泳速度の正確な測定が必要であろう。

　速く泳ぐためではないとすると、では何のために体温を高く保つのだろうか？

　カツオ・マグロが熱帯や亜熱帯地方の暖かい海を故郷としていることは前に説明した。暖かい海にいるかぎり、筋肉は温まっており、さらに温める必要はないであろう。速く泳ぐために体温を高めるのではないとすると、永い進化の過程で複雑なミラクルネットや深部血合筋を手に入れた理由は何なのだろうか？　答えはエサのようだ。

　熱帯や亜熱帯の暖かい海はカツオ・マグロにとってはエサの少ない海なのだ。たとえば、はるか南のフィリピン周辺からやってくる黒潮は日本を取りまいて西から東に流れる暖流で、プランクトンの栄養となる塩類（栄養塩）が少なく、生物の少ない海流なのだ（生

物生産力が低いという）。

　それに対して、北海道の北のベーリング海やオホーツク海からやってくる親潮は冷たい寒流で、栄養塩をたっぷりと含み、生物生産力が高い海流だ。そのため、黒潮と親潮がであう千葉県の銚子沖より北の海は栄養が豊富な海なのだ。

　なぜ冷たい寒流は栄養塩が豊富なのだろうか？　北の海では冬には表面（表層といわれる）の海水は0℃以下にまで冷やされる。海水には塩分が溶けているため、マイナス1.7℃くらいまで凍らない。冷たい海水は重いため下に沈み、深いところの海水と混合される（図6-5 上）。

　淡水は4℃で最も重い（密度が最大）が、海水は塩分のため温度

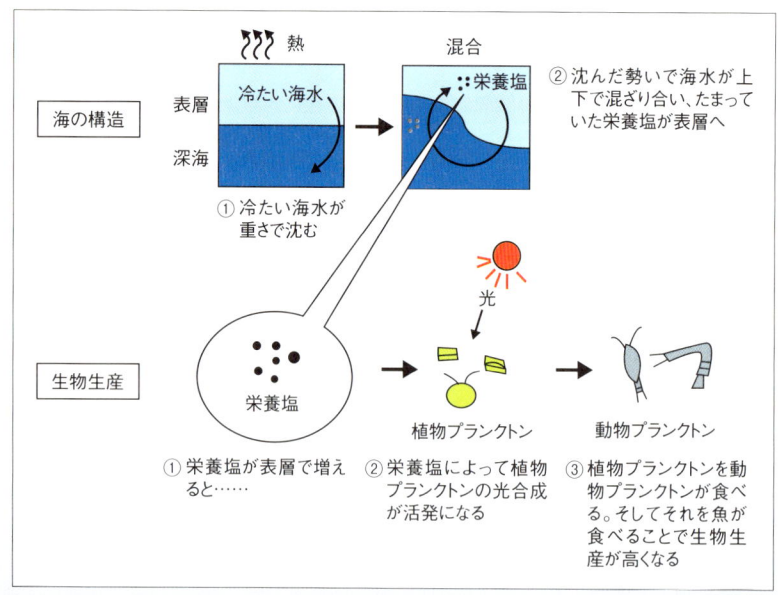

図6-5　冷たい海における冬の上下の混合と栄養塩の上昇、そして春の水温上昇にともなうプランクトンの増加

が低いほど重い。そのため、深海にたまっていた栄養塩が海の表層に上がってくる。氷がとける春になると、この栄養塩を利用して植物プランクトンが大発生し、それを食べる動物プランクトンやカツオ・マグロのエサとなるカタクチイワシなどがどっと増えるのだ（図6-5下）。南の暖かい海ではこういうことは起こらない。

　カツオ・マグロにとって、生まれ故郷の南の海はエサが少なく、北に行くほど豊富なエサに恵まれることになる。この原則は世界のどこの海でも同じだ。このため、カツオ・マグロは体温を高めることにより、故郷をはなれ、エサを求めて遠く冷たい海に向けて冒険の旅に出るのだ。体温を高められなければ、かれらにはこの冒険は無理だった。深部血合筋とミラクルネット構造の進化はこのような寒流の豊富なエサと関連していたのだ。

　深部血合筋とミラクルネットは実に4000万年前にカツオ・マグロが手に入れた強力なスーパーパワーなのだ。

カツオの回遊

　カツオ・マグロがエサを求めて北に向かう例をカツオの回遊に見てみよう。遠く南の海で生まれたカツオはミラクルネットが発達する2歳になると、生まれ故郷をはなれて冒険の旅に出るものがいる。一部の群れは黒潮に乗って北に向かう。別の群れはまっすぐに北を目指し、いずれも日本列島に達する（図6-6）。

　黒潮に乗ってきたカツオは春先2月ごろには九州の鹿児島沖に達し、しだいに北上して行く。まっすぐに北を目指した群れも春には

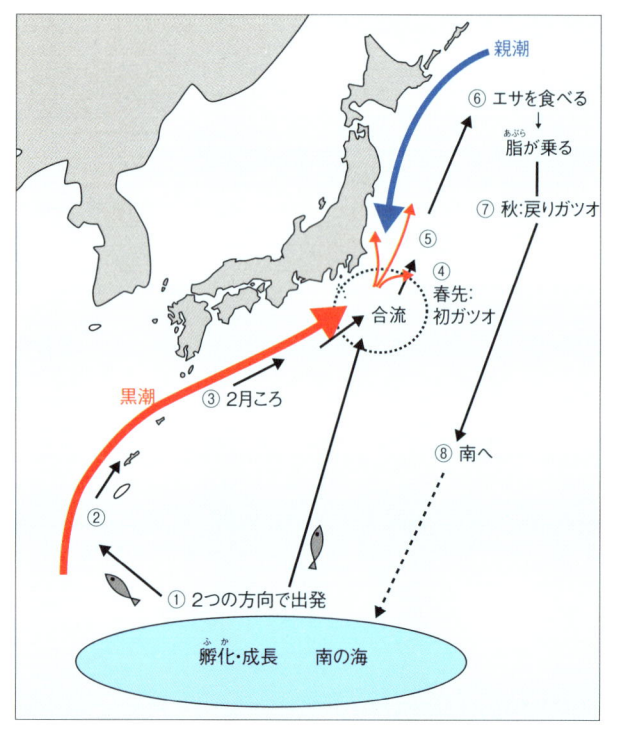

図6-6　日本近海におけるカツオの季節的回遊

銚子沖に到達する。これらは春先の初ガツオとして、江戸の昔から特に江戸っ子に親しまれてきたようだ。

　カツオが日本列島に到達する春先には、まだ十分なエサを食べていないため、体は小さく脂は乗っていない。さっぱりした味が初ガツオの刺し身のもち味だ。その後カツオは親潮と黒潮がぶつかる海域から東北地方の沖合の親潮海域に入り、豊富なエサをむさぼり食い、大きく成長して脂も乗ってくる。秋になり、海水が冷えてくるとカツオは一斉に南に下る。このときのカツオが戻りガツオあるいは下りガツオといわれ、たっぷり脂が乗って濃厚な味なのだ。

第6章　カツオ・マグロの体温はほ乳類なみ？

　まさにカツオはエサを求めて、何千キロメートルも南から泳いで日本近海までやってくる。体温を高く保てなければ、かれらは夏とはいえ東北地方の沖合の冷たい海水温には耐(た)えられない。

　カツオ・マグロが体温を高く保つようになったのは、エサの豊富な北の海にまで索餌回遊(さくじかいゆう)するためであることが理解できただろうか？　逆にいえば、深部血合筋とミラクルネットが進化して初めて、かれらは冷たい海の豊富なエサを食べられるようになり、種(しゅ)として栄えてきたのだ。

　熱帯性のコシナガやキハダにはミラクルネットがあまり発達していない。そのため、かれらはメバチやクロマグロのようには北を目指すことができず、熱帯や亜熱帯の海にとどまっている。クロマグロは日本近海では津軽海峡や北海道の東の沖合にまで進出し、タイセイヨウクロマグロは次の章で説明するように、北大西洋のアイスランドやノルウェー沖にまで進出している。

　やはりミラクルネットをもつネズミザメなどは真冬の凍るようなアラスカ湾(わん)が主な住みかなのだ。深部血合筋とミラクルネットをもつことにより、かれらの生息範囲(せいそくはんい)は格段に広がったのだといえるだろう。

第7章 クロマグロの大回遊を追う

　カツオの回遊よりもずっと規模が大きく、距離が長い回遊を行うのがクロマグロだ。太平洋や大西洋を横切って西から東、東から西へと回遊することが知られている。あの巨大な体でゆうゆうと大海原を泳いで行く様子を想像してほしい。弾丸のような体が高速で波を切りさいて進むのが見えるようだ。

　かれらがどこをどう回遊して行くのかを知るのはとてもむずかしい。でも最近の技術の進歩により、かれらの動きや居場所がわかるようになってきた。ここでは大西洋と太平洋のクロマグロの回遊について学ぼう。

回遊経路の推定

　魚がどこにいるのか、どこからどこへ行ったのかを決めるのはとてもむずかしい。陸上動物なら発信器をつけて放し、アンテナをもって電波を追いかけているのをテレビで見ることがあるのではないだろうか。しかし海ではそうはいかない。

　昔から海でよく使われている方法が標識放流という方法だ。魚を捕まえてヒレなどにタグと呼ばれる標識をつけて放流する。その魚がもう一度どこかで捕まえられれば（再捕という）、その場所や日時を知らせてもらうという方法だ。でもこの方法では放流した場所

第7章　クロマグロの大回遊を追う

と再捕場所、そしてそのあいだの期間しかわからない。どこをどうたどって魚がそこまでいったのかは不明だ。

　それでも、この方法で前に述べたカツオの回遊や、クロマグロの産卵場所などが明らかにされてきているのだ。サケの標識放流は有名だ。人工孵化させたサケの子ども（稚魚）を放流するときに一定の割合で標識をつけ、数年後に産卵に戻ってきたときに何割が戻ってきたかを推定できる方法だ。日本では標識放流はよく利用されており、90年前に石狩川のサケに使ったのが最初だといわれている。

　1990年代になると、標識放流に画期的な装置が開発された。それはアーカイバルタグ（アーカイバルは記録し保存するという意味）と呼ばれ、さまざまなデータを記録できるようになった（図7-1）。捕まえたマグロのおなかの中にこのタグをうめこんで放流する。再捕されてこのタグが回収されれば、水温、水深そしておなかの中の

図7-1　アーカイバルタグ

温度まで長時間にわたって記録されている。

　おまけに明るさも記録できるため、日の出と日の入りの時刻がわかる。これを水温のデータと合わせれば、およその位置（緯度と経度）が決められるのである。これは優れたセンサーと小さなメモリーの開発の成果だ。

　このタグがマグロに応用されたのは1993年のミナミマグロが最初だ。1995年には日本でクロマグロに使われ、1996年からはあとで述べるタイセイヨウクロマグロに用いられ、いずれも大きな成果を上げてきた。このおかげでマグロの回遊の研究は大きく進展したのだ。

　1990年代後半になるとポップアップタグと呼ばれるタグが開発された。これは魚の筋肉にうめこまれた矢尻にテグス（釣り糸）でつけられ、一定の時間がくると自動的にはずれて（ポップ）海面に浮き上り（アップ）、人工衛星（サテライト）を使ってはなれたところにいながら情報を手に入れることができる。水の中では電波は伝わらないけれど、はずれて海面に浮上すればその情報が発信され、はなれていても受け取ることができる。もう再捕されなくてもいいわけだ。始めのころは水温とポップアップ位置くらいしかわからなかったものの、最新のタグはアーカイバルタグの機能ももち、ポップアップ（サテライト）アーカイバルタグと呼ばれている。

　これらの優れたタグにより、放流したマグロがどこをどう回遊し、何メートル潜り、水温や体温がどう変化したかなどの情報が得られるようになった。しかも、このようなタグは日々進歩しており、これからどのように変わっていくのかが楽しみなのだ。

第7章 クロマグロの大回遊を追う

> **もっと知りたい！**

タグの進歩

1920年代〜	ヒレにタグをつけるだけ（目印） 　放流場所と再捕場所のみがわかる（サケなどに利用）
1990年代	アーカイバルタグの登場 　水温、水深、おなかの温度、明るさ（日出没がわかる）、 　位置の把握
1990年代後半	ポップアップタグの開発 　自動的にタグが外れて人工衛星で情報を入手できる 　はじめは水温とポップアップ位置までしか把握できず ポップアップアーカイバルタグの開発 　再捕せずに様々な情報を入手可能になる

タイセイヨウクロマグロの大回遊

　すでに図1-2（11ページ）に示したように、タイセイヨウクロマグロには2カ所の産卵場所がある。メキシコ湾と地中海だ。いずれも夏の高い水温が共通している。そして、冷たい北大西洋のアイスランドやノルウェーの近海にまで回遊することが知られている。

　大西洋の西側ではアメリカが1996年以来アーカイバルタグを用いた大規模な実験を行ってきた。首都のワシントンD.C.の南、ノースカロライナ州の沖で捕獲した2メートルを超すクロマグロにアーカイバルタグを装着して放流し、その後の回遊経路が詳しく調べられている。

　図7-2はその例で、2003年1月にノースカロライナ沖からタグをつけて放流され、2005年10月に再捕されたクロマグロの最初

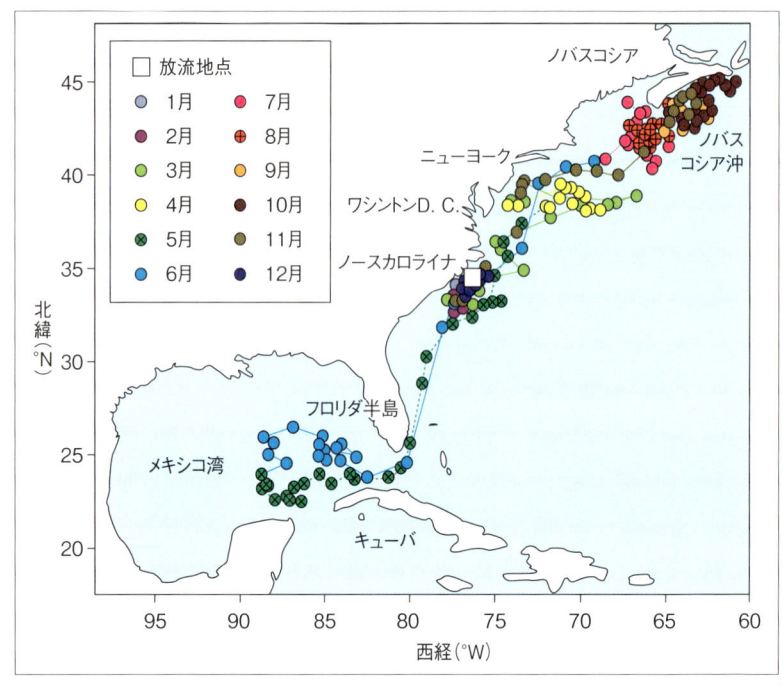

図7-2　ノースカロライナ沖で放流されたタイセイヨウクロマグロの1年間にわたる回遊
　　　　5月から6月にかけてメキシコ湾に入り産卵に参加したと推定されている

の1年間の移動を追ったものだ。次の年もほぼ同様の移動経路をたどったらしい。このクロマグロは4月にはニューヨーク沖にいたものの、その後アメリカ大陸にそって南下し、5月にメキシコ湾に入っている。そして6月にはもうメキシコ湾を出て一気に北を目指し、カナダ沖にまで達している。すばらしい遊泳能力ではないか。目的をもってひたすら泳いでいるように思われる。

　メキシコ湾に入るのは産卵のためで、ほかのクロマグロでもやはり短期間メキシコ湾に進入することが確認されている。メキシコ湾での産卵期は4〜6月のようだ。このクロマグロは次の年も、その

第7章 クロマグロの大回遊を追う

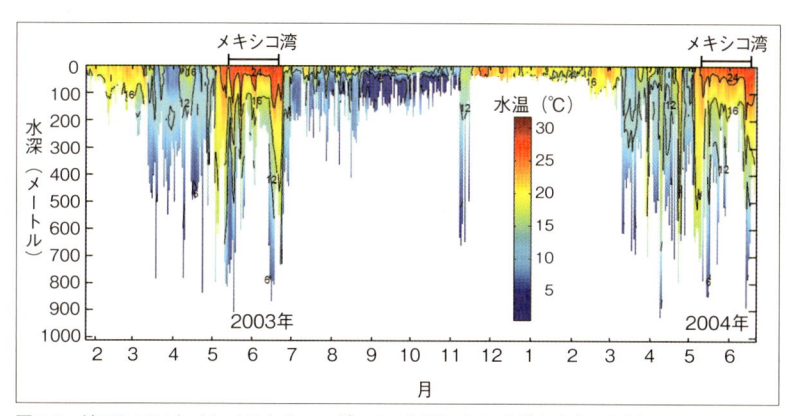

図7-3 前図と同じタイセイヨウクロマグロの2年間にわたる垂直方向の記録
2年間ともメキシコ湾に進入し、そこでは産卵に適した高い水温であることがわかる。1000メートル近くも潜水することに注目

次の年も短期間メキシコ湾に進入している。

図7-3は同じクロマグロの2003年から2年間にわたる垂直方向の移動と水温を示したものだ。メキシコ湾にいたあいだは2年とも水温はほかのときよりは高く、あまり深く潜る行動はしていない。

図では細かいところはわからないが、特に夜間は海の表層から浅い潜水をくり返すようだ。おなかの中の温度も測定されており、メキシコ湾にいるあいだは体温もほかのときよりは高く、26.5〜27.1℃とされている。

また、2年ともメキシコ湾に入るときと出るときに深く潜水している。これはほかのクロマグロでもよく見られる行動のようだ。少なくともその理由の一つは、メキシコ湾の表層の高い水温を避ける体温調節のためであろうと推測されている。メキシコ湾の25℃以上の水温は卵の孵化には適していても、親にとっては高すぎる水温なのだろう。

表層は25℃以上でも800メートルも潜れば5〜6℃と冷たい深海の世界なのだ。しかし、クロマグロが1000メートルも潜ることは、このようなアーカイバルタグによる実験で初めてわかったことなのだ。

　図7-3を見ると、おもしろいことに、11月半ばから3月初めまではほとんど深い潜水を行っていない。水温が15〜25℃の表層にとどまっている。これは水温が快適であることのほかに、この時期には表層に十分なエサがあったためであると考えられる。

　図7-4に示すマグロは、同じくノースカロライナ沖でタグをつけられて1999年に放流されたものだ。しかしメキシコ湾に進入したマグロとは違って、6月には大西洋を横断して地中海に進入し、8月までとどまっている。このマグロはその後2002年まで東大西洋にとどまり、毎年6〜8月に地中海に進入したことが確認されている。2002年8月末にはスペインとアフリカのモロッコのあいだのジブラルタル海峡で再捕された。

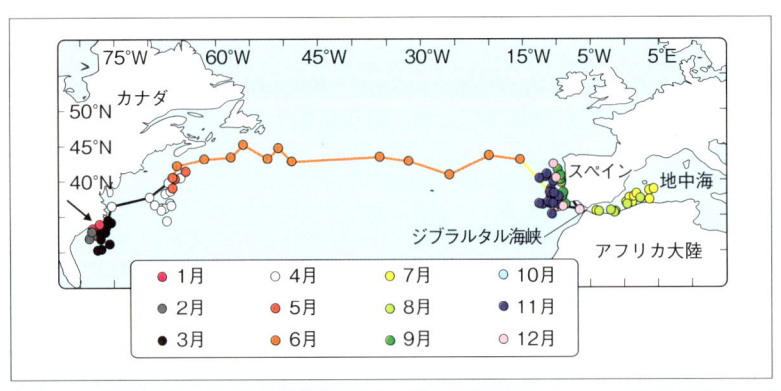

図7-4　ノースカロライナ沖で放流され（矢印）、大西洋を横断して地中海に進入したタイセイヨウクロマグロの最初の1年間の回遊経路

クロマグロの大回遊を追う

　このマグロは地中海生まれのクロマグロだ。メキシコ湾生まれと同様に、自分の故郷に戻って産卵するものと考えられている。一度地中海に入ったクロマグロは二度と西大西洋には戻らないようだ。一方、メキシコ湾生まれは成熟前には何度も大西洋を横断するようだ。

　このような、499尾のアーカイバルタグと273尾のポップアップアーカイバルタグをつけたタイセイヨウクロマグロの1996〜2004年の実験で、大西洋におけるかれらの大規模な回遊の様子が明らかにされてきた。

　499尾のうち再捕されたのは86尾で、実に17％もの再捕率だ。1996〜1999年に放流されたクロマグロにかぎってみれば、280尾中77尾の再捕で、再捕率が27.5％にもなる。すごく高い値だ。広い大西洋に放した1尾のクロマグロが27.5％もの確率でまた釣り上げられるのだ。これはマグロの漁獲技術が優れていることと、タイセイヨウクロマグロの数がとても少ないことを示すものと考えられる。

　このようにして得られた記録を整理して、メキシコ湾に入ったクロマグロと地中海に入ったものを区別して、それぞれがいた場所を示すと図7-5のようになる。いずれも図7-5aに示す矢印の3地点で放流されている。

　メキシコ湾に進入したクロマグロは平均11歳、体長が2.4メートルの29尾で、広く西および中央北大西洋からスペイン沖まで大西洋を横断して回遊しているが、地中海に進入することはない。

　一方、メキシコ湾に入らず、地中海に進入した26尾のクロマグ

ロは、平均 8.6 歳で体長が 2 メートル以上であった。半年から 3 年間西大西洋にいたのち、中央および東大西洋に回遊し、南は北アフリカ沖から北はノルウェー沖にまで達している。地中海生まれが間違ってメキシコ湾に入ることはないようだ。

このような実験から、大西洋にはメキシコ湾と地中海生まれの 2 つの系統のクロマグロがいて、それぞれ北大西洋を共通のエサ場として自由に回遊することがわかった。そして産卵は生まれ故郷に戻って行うことがはっきり示されたのだ。

でも、これらの 2 つの系統のクロマグロに交流はあるのかどうか、どうやって生まれ故郷に戻るのか、などについてはまだ全くわかっ

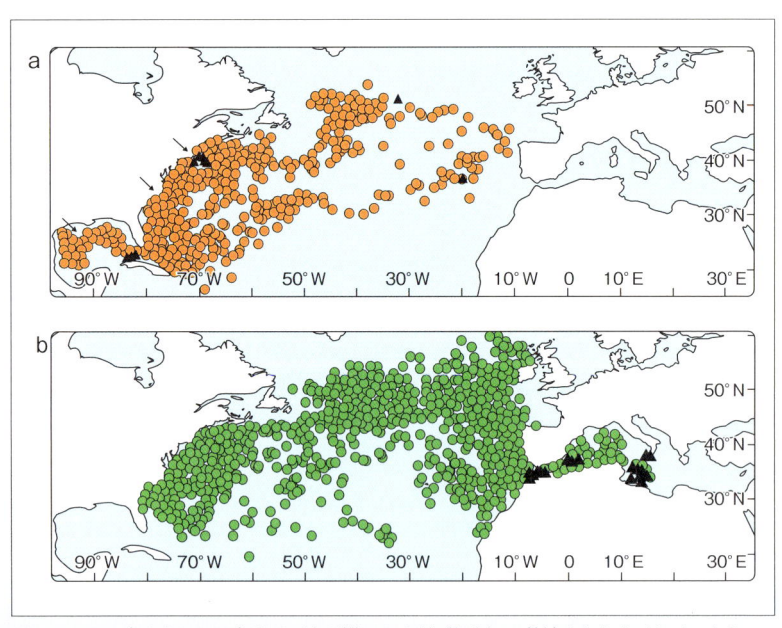

図7-5　1996 年から 2004 年まで西大西洋の 3 カ所（矢印）で放流されたタイセイヨウクロマグロの放流後の位置
　　　a はメキシコ湾生まれ、b は地中海生まれのクロマグロ。三角印は再捕地点

第7章　クロマグロの大回遊を追う

ていない。これからの研究が楽しみな分野だ。

太平洋におけるクロマグロの回遊

　太平洋でもクロマグロのアーカイバルタグを用いた研究が1995年以来行われてきた。日本の研究では、タイセイヨウクロマグロの場合とは異なり、ほとんどが1メートル以下の未成熟なクロマグロ（未成魚という）を用いている。例えば、1995〜1998年に229尾にアーカイバルタグをつけて放流し、1998年までに42尾が再捕されている。太平洋の未成魚でも再捕率は18.3％ととても高い。

　図7-6に示したのは、1995年12月に日本と韓国のあいだの日本海にある対馬周辺で放流されたクロマグロの例だ。5.4キログラムの未成魚で、冬のあいだは韓国と九州のあいだで越冬し、1996

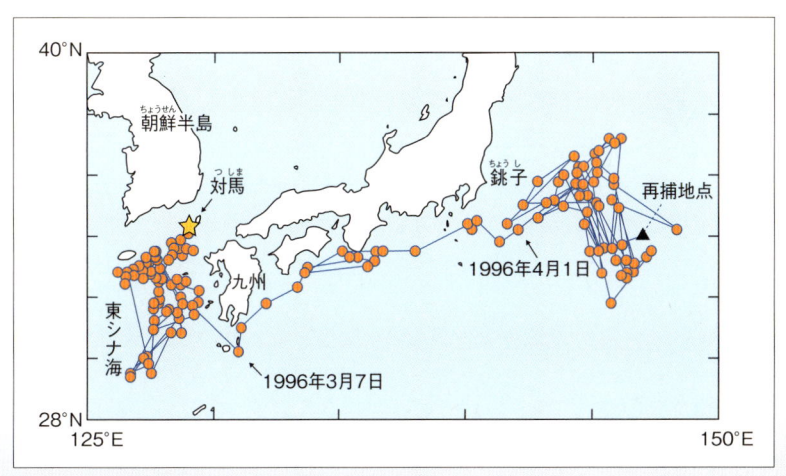

図7-6　日本の近海におけるクロマグロの回遊
　　　1995年12月に対馬沖で放流され（星印）、6月に銚子沖で再捕（三角印）されたクロマグロの例

年3月から約1カ月で九州を回って黒潮に乗り、房総半島沖にまで達している。その後黒潮と親潮が混合される海域ですごし、6月初めに再捕されている。

黒潮に乗って南の産卵場からやってくるクロマグロがすべてこのような経路をたどるわけではない。日本海を北上するもの、放流場所周辺にとどまるものなどさまざまなようだ。

これらの中で、1996年11月に対馬周辺で放流された50数センチメートルの未成魚は、図7-6に示したのと同様な経路をたどったのち、1997年11月中旬から2カ月間で一気に太平洋を横断したことがわかった。1998年1月にアメリカのカリフォルニア沖に達し、8月にサンジエゴ沖で再捕されている。これ以前の標識放流によれば、太平洋の横断には7カ月以上が必要だとされていたが、この場合は2カ月間ととても速い。1日に100キロメートルも移動したことになる。すばらしい泳ぎだ。まっしぐらというのが当たっているほどだ。

太平洋のクロマグロの産卵場所は九州の南東からフィリピン周辺まで、南西諸島を中心とした黒潮の東側の海域とされている。しかし、一部は日本海でも産卵するものと推定されている。そのうち、一部は0歳の秋から1歳の冬にかけて太平洋を横断する回遊を行い、カリフォルニア周辺海域で2〜6年すごしたのち、また日本近海に戻って産卵に参加するといわれている。

このように、太平洋のクロマグロの回遊は距離があり、期間も長く大規模だ（図7-7）。また、太平洋では産卵場所は1カ所で、1系統のクロマグロしか知られていない。カリフォルニア沖などを産

第7章 クロマグロの大回遊を追う

卵場所とする別の系統がいてもいいように思われるが、いない。それは高水温の海域がないことと、黒潮のような北に向かう適当な海流がないためと推定される。

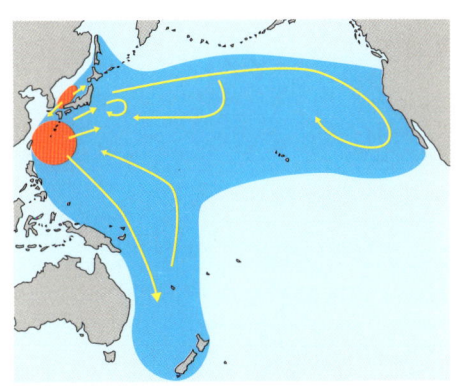

図7-7 クロマグロの回遊
オレンジは産卵域を示す

　太平洋のクロマグロは沖縄周辺の暖かい海で生まれ、黒潮に乗って日本近海にやってくる。だから、日本近海は太平洋のすべてのクロマグロの大切な生育場、つまりゆりかごなのだ。それだけ日本近海のクロマグロを大切にしなければならない。

　以上のように、アーカイバルタグを用いるクロマグロの生活の様子（生態という）の研究は最近になってとても進歩し、将来が楽しみな分野なのだ。今後もっとおもしろいマグロの生態が明らかにされてくると思う。

第8章
マグロの未来

　これまで述べてきたように、カツオ・マグロは一生高速で泳ぎ続け、瞬間的には時速100キロメートルで泳ぐ能力ももち、水温よりも体温を高く保てるため、冷たい北の海にまで豊富なエサを食べに回遊することができる。かれらがこのようなすばらしいパワーをもっていることが理解できただろうか？

　これらの能力は普通の魚の能力をはるかに超えており、マグロ族の魚たちが他の魚と比べて大きく優れている点なのだ。これからもカツオ・マグロのこのような魅力がますます明らかにされてくると思う。

マグロがあぶない

　でも、最近不安なことが起きてきている。クロマグロやミナミマグロをはじめ、マグロ類の数（資源という）がとても減ってしまっているのだ。これは人間が獲りすぎたのが原因だ。タイセイヨウクロマグロも含めて、クロマグロの70％以上は日本人が寿司や刺し身で食べているのだ。つまり、日本人は世界中のクロマグロを食べつくそうとしている。

　スーパーやデパートの魚売り場に行くとニューヨーク沖、スペイン沖、モロッコ沖、マルタ産、シシリー産などタイセイヨウクロマ

第8章 マグロの未来

グロもたくさん売っている。日本人が消費するクロマグロの60%はタイセイヨウクロマグロなのだ。特に、東大西洋や地中海のタイセイヨウクロマグロは最近とても資源が減ってしまい、将来が不安な状況にある。

ミナミマグロも同じだ。関連する国の代表が集まってどれだけ漁獲していいかを決めている。毎年のように漁獲量は減らされているのが現状だ。

それだけではない。日本以外の国がマグロをたくさん食べるようになってきているのだ。その1つは中国。日本の10倍もの人口だけれど、だんだんと経済的に豊かになり、マグロの刺し身が好きになってきている。

そして、アメリカやヨーロッパ。これらの欧米諸国はこれまで肉を食べることが多かったが、肥満になやまされ、糖尿病や心臓病などの生活習慣病がとても多い。そのため、魚を食べる方が健康にいいと気がついた。だから寿司店や日本料理店がとても増えている。おまけに狂牛病で牛肉はこわいとマグロを食べだした。牛肉のステーキの代わりにマグロのステーキだ。だから、日本が輸入できるクロマグロは今でも少しずつ減少してきている。

クロマグロの養殖

クロマグロ資源の減少を防ぐ一番いい方法は養殖することだ。ブリやタイやヒラメのように養殖できれば値段も安くなるし、たくさん供給できる。40年も前からそれは考えられてはいた。でもクロ

マグロを卵から養殖するのはとてもむずかしい。そこで、クロマグロの稚魚や幼魚を捕まえてエサをやって大きく育てることが考えられた。それでもマグロはとても繊細なので、皮ふにさわっただけで死んでしまったりする。育てるのはとてもむずかしい。

　かなり大きなクロマグロをしばらく"いけす"で飼育して、トロの部分を増やしてから日本に輸出することも行われている。1980年代中ごろにスペインで行われたのが最初だ。1990年代にはオーストラリアでミナミマグロを養殖し、日本に輸出することが開始された。今もオーストラリアからは養殖ミナミマグロが年間1万トン近く輸入されている。スーパーではラベルに「ミナミマグロ（養殖）」と書いてあるからすぐわかるだろう。

　地中海ではその後多くの国で養殖がさかんに行われるようになった。トルコやギリシャ、キプロスをはじめ、モロッコやリビアなどの地中海に面したアフリカの国でもタイセイヨウクロマグロが養殖されている。メキシコの太平洋岸でも太平洋を渡っていったクロマグロの養殖が1990年代から始まっている。これらの国々は日本にクロマグロを売るためにだけ養殖を行っており、クロマグロはお金になる海のダイヤモンドとも呼ばれている。

　日本でも奄美大島をはじめ、1990年代から順調に養殖が行われるようになった。日本では30センチメートル程度（体重100〜500グラム）の小さいクロマグロを2〜3年も飼育し、30〜60キログラムにまで大きくして出荷している。年々生産量は伸びており、そろそろ年間1万トンにも達する勢いだ。

　しかし、これらの養殖は天然クロマグロの稚魚や少し大きな幼魚

を捕まえて育てるもののため、クロマグロ資源が減ることには変わりがない。せまい"いけす"で養殖すれば運動不足になって脂がたまり、全身がトロのようになるので、日本人には喜ばれる。だから、経済的には利益が上がるものの、クロマグロを保護することにはならないのだ。

　逆に養殖により、エサにするアジやイワシなどの魚が大量に必要になり、そちらの資源も問題になってしまう。30キログラムのクロマグロを育てるには400キログラム以上のエサが必要だ。また、食べ残されたエサによる環境汚染も問題にされている。マグロは下に落ちてしまったエサは食べることができない。泳ぎ続けなければいけないからだ。

　しかし、天然のクロマグロの稚魚を捕まえなくても、卵から養殖する画期的方法も最近開発されている。それは近畿大学水産研究所が達成したクロマグロの完全養殖だ。これは図8-1に示すように、最初は海で捕まえた稚魚を養殖して大きな親魚とし、卵を取って孵化させ、この稚魚を育ててまた親魚とする。この親魚に卵を生ませて育てれば完全養殖となる。

　それ以後は天然の稚魚を獲る必要はなく、親魚から卵を取って養殖できるわけだ。ほかの養殖に稚魚を供給することも可能となり、天然のクロマグロ資源を減らすことはなくなる。まだ始まったばかりだけれど、今後とても期待できる優れた技術といえるだろう。

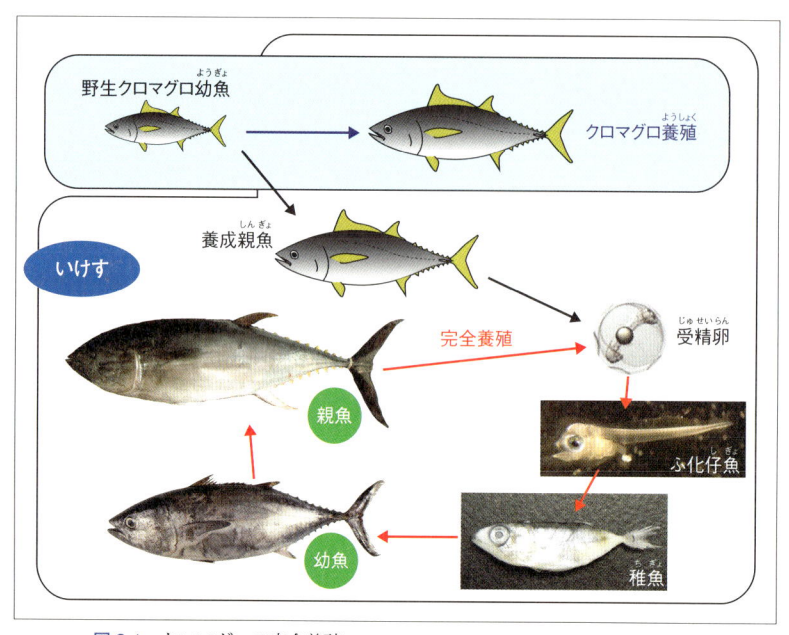

図 8-1　クロマグロの完全養殖
　　　　（独）水産総合研究センター、石橋泰典教授（近畿大学）より写真提供

マグロを大切に

　クロマグロやミナミマグロのみならず、太平洋のメバチも資源の減少が問題にされている。刺し身や寿司ネタとなるマグロの多くが数を減らしているのだ。どこのスーパーをのぞいてみても、魚売り場には色あざやかなマグロがたくさん並んでいる。こんなに売れるのだろうかと思うほどの量だ。世界中のマグロが集まってきているのだ。
　でも 30 年ほど前、みんなのお父さんやお母さんが子どもだったころには、マグロは高級な魚でそんなにたくさんは魚屋に売ってはい

第8章 マグロの未来

なかった。たまに食べられるだけだった。しかし、この10年ほどのあいだに日本人はマグロ大好きになってしまった。なぜだろうか？

だんだん肉をたくさん食べるようになり、それにともなって肉のように脂(あぶら)が多いトロが好まれるようになったらしい。味の濃い赤身肉もやはり白身の魚よりは好まれるようになってきた。昔は脂が多かったり、味が濃かったりする食べ物は日本人は好きではなかった。あっさりした味が日本の食べ物の特徴(とくちょう)だった。それがこの30年ほどのあいだに変わってしまった。マグロの漁獲量も輸入量もこのあいだに大きく増加した。

でももうそろそろ限度のようだ。これ以上マグロを制限なく食べ続けるのはむずかしいだろう。特に、完全養殖でないかぎり、クロマグロやミナミマグロはきびしい。これらの消費スピードを落とす必要があると思う。そうすれば資源はまた回復に向かうだろう。鉱物や石油資源とは異なり、生物資源は再生することが可能な資源なのだ。これはとても重要なことだ。

カツオ・マグロはすばらしい動物であることを理解してもらえただろうか？ かれらがミラクルネット構造を手に入れてからでももう4000万年にもなる。ヒト属（ホモ属）が独立した属を形成してからやっと200万年であることを考えると、カツオ・マグロの大切さがわかるであろう。地球上の貴重な遺産なのだ。将来にわたって私たちはカツオ・マグロをうまく利用したいものだと思う。

あとがき

　筆者が一般読者向けに「カツオ・マグロのひみつ～驚異の遊泳能力を探る～」(恒星社厚生閣、2009.12)を上梓してから、もう2年になる。この本の内容を中高生に向けて発信したいという願いは執筆中から抱いていた。2007年に大学を定年退職した時点から、それはおぼろげに将来の目標となって筆者の頭の中で形作られてきたように思われる。

　これまで、魚やその他の水生動物に関する図鑑や生態に関する本は、主に小学生を対象として数多く出版されている。しかし、それぞれの生物についての最新の知見をやさしく解説した本は皆無であった。そこで、将来の方向性が決定される前段階にある中高生に対して、水生動物研究のおもしろさを伝えることは大いに意義があるのではないかと考えたのである。

　幸いこの企画は恒星社厚生閣の片岡社長を始め皆さんの賛同を得ることができ、「もっと知りたい！海の生きもの」シリーズとして刊行される運びになったことは筆者にとって望外の喜びであった。

　しかし、シリーズの見本とするべく本書に取りかかったものの、執筆は困難を極めた。筆者も編集担当の河野氏もこれまで中高生向けの本を執筆・刊行した経験がなかった。何よりもほとんど生物を勉強していない読者に、どう説明したら代謝や酵素などの生理生化学的内容を理解してもらえるのかが、筆者の一大関心事であった。やさしく説明しようとすればするほど、科学的に不正確になりやすい。正確な科学的情報を何とかやさしく説明することが最も苦労し

あとがき

たところである。

　恐らく本書の多くの読者は、マグロは美味しい刺し身や寿司の単なる食材であり、たまにテレビなどでマグロの一本釣りの様子などを見て、でかい魚なんだという程度の認識しかなかったであろう。あるいは時速100キロメートルで泳げることくらいは聞いたことがあったかも知れない。マグロの体温については魚の研究者には古くから知られていたものの、筆者の前著の出版までは一般の読者に紹介されることはまれであった。まして中高生に対しては初めての情報であると思う。本書を読まれた中高生がカツオ・マグロに対してどんな感想をもつのかは、筆者にとって重要な関心事である。ぜひとも感想を伺いたいものだと思っている。

　本書の図や写真には多くの方にご協力を頂いた。キハダのミオグロビンの分子模型は東海大学の落合芳博教授に描いて頂いた。スイミングトンネルは東京海洋大学の有元貴文教授にご提供頂いた。また、アーカイバルタグは東京大学大気海洋研究所の北川貴士博士にお借りした。第7章のクロマグロの回遊に関しては、北川博士およびスタンフォード大学ホプキンスマリンステーションのBarbara Block教授の論文を参考に作成した。そのほか、マグロの寿司はグロリアデザイン、かつお節は焼津市魚仲水産加工業協同組合など多くの方から写真をお借りした。ここに記して深甚なる謝意を表する。最後に恒星社厚生閣の河野元春氏には、本書の企画段階から全般にわたって編集の労をお取り頂いた。深く感謝の意を表する次第である。

阿部 宏喜（あべ ひろき）
1944年新潟県生まれ、1963年埼玉県立浦和高等学校卒業、1974年東京大学大学院農学系研究科博士課程修了、共立女子大学家政学部教授を経て、1997年東京大学大学院農学生命科学研究科教授、2007年東京大学名誉教授。
現在、シーフード生化学研究所主宰。
著書「カツオ・マグロのひみつ」（恒星社厚生閣）、「水産利用化学」「水圏生物科学入門」（共著、恒星社厚生閣）、「魚の科学」「魚の科学事典」（共著、朝倉書店）、「水産海洋ハンドブック」（共著、生物研究社）、ほか多数。

■編集アドバイザー
阿部宏喜、天野秀臣、金子豊二、河村知彦、佐々木 剛、武田正倫、東海 正

もっと知りたい！海の生きものシリーズ ①

カツオ・マグロのスーパーパワー
一生泳ぎ続ける魚たち

阿部 宏喜 著

2012年6月29日　初版1刷発行

発行者　　片岡　一成
印刷・製本　株式会社シナノ
発行所　　株式会社恒星社厚生閣
　　　　　〒160-0008　東京都新宿区三栄町8
　　　　　TEL　03（3359）7371（代）　FAX　03（3359）7375
　　　　　http://www.kouseisha.com/

ISBN978-4-7699-1260-6 C8045　©Hiroki Abe, 2012
（定価はカバーに表示）

JCOPY ＜（社）出版者著作権管理機構 委託出版物＞

本書の無断複写は著作権法上での例外を除き禁じられています。複写される場合は、そのつど事前に、（社）出版者著作権管理機構（電話 03-3513-6969、FAX 03-3513-6979、e-mail: info@jcopy.or.jp）の許諾を得てください。